W0187498

Griechische
Landschildkröten

von Uwe Dost

mit 152 farbigen Abbildungen

HERPETON
Verlag Elke Köhler

Titel vorne:
unten: *Testudo h. boettgeri* auf der Frühlingswiese.
Foto: U. Dost.
oben links: Jungtier von *Testudo h. boettgeri* im
Terrarium. Foto: U. Dost.
oben rechts: Griechische Landschildkröte auf Korfu.
Foto: K. Grießhammer
Abb. S. 1: *Testudo hermanni hermanni* im
Freigehege. Foto: U. Dost

Uwe Dost

Griechische
Landschildkröten

Offenbach: Herpeton, 2006
ISBN 3-936180-19-9

© 2006 Herpeton, Verlag Elke Köhler,
Rohrstr. 22, D-63075 Offenbach
Titelbildgestaltung: Elke Köhler
Layout und Satz: Elke Köhler

Inhalt

Vorwort

Landschildkröten zählen zweifelsohne zu den beliebtesten in menschlicher Obhut gepflegten Reptilien. Dies gründet unter anderem darin, dass vor dem Inkrafttreten der internationalen Schutzbestimmungen alljährlich hunderttausende von Landschildkröten nach Mitteleuropa importiert und hier lediglich für ein „paar Mark" angeboten wurden. Aufgrund des günstigen Preises erreichten die als genügsam angepriesenen, friedlichen Panzerträger innerhalb weniger Jahre auch bei uns in Deutschland einen enormen Verbreitungs- und Bekanntheitsgrad. Noch heute erinnern sich viele Erwachsene an die Schildkröte ihrer Kindertage, etwa wenn der eigene Nachwuchs den Wunsch nach einem Haustier äußert.

Vor der Anschaffung eines Tieres sollten selbstredend stets zuerst einmal möglichst viele Informationen über den künftigen Pflegling, am besten aus unterschiedlichen Quellen, eingeholt werden. Dies ist bei der Menge an Schildkröteninfos fast schon wieder schwierig. Wichtig ist ferner für jeden Schildkrötenpfleger, sich stets „auf dem Laufenden zu halten". Denn in den letzten Jahren kam

Nachzuchterfolg beim Autor.   Foto: U. Dost

Bewegung in die Systematik der Landschildkröten: Ständig kommen verbesserte technische Hilfsmittel auf den Markt und das Wissen um die artgerechte Haltung der Landschildkröten wuchs, beispielsweise bezüglich der Ernährung - hier sei nur die in älteren Quellen oft empfohlene Verfütterung von ungeeigneten Futtermitteln, etwa von Obst oder Katzenfutter, angeführt. Mich befremdeten bei der Recherche zum Büchlein die teilweise geradezu hitzig geführten Diskussionen über die einzig „richtige" Art der Schildkrötenhaltung sowie die oft absolutistischen Angaben wie und mit welchen Hilfsmitteln diese zu bewerkstelligen ist.

Einen Großteil des Buches nimmt die Haltung im Terrarium ein. Damit möchte ich jedoch keinesfalls die Pflege von Landschildkröten im Terrarium propagieren – auch meine eigenen Tiere leben die meiste Zeit des Jahres im Freigehege im Garten. Dennoch kann es nötig werden, dass Schildkröten einige Zeit im Terrarium verbringen müssen, z. B. frisch geschlüpfte Jungtiere, kränkelnde Sorgenkinder oder Tiere im Frühjahr oder im Herbst während der Vorbereitung auf die Winterruhe. Aus welchen Beweggründen auch immer Schildkröten ins Terrarium überführt werden, für den Fall des Falles sollte dann der Behälter den Bedürfnissen der Tiere entsprechend eingerichtet und technisch ausgestattet werden. Wichtig ist mir dabei nicht, geeignete technische Hilfsmittel und Einrichtungsmaterialien vorzugeben, sondern vor allem die Hintergründe für deren Einsatz offen darzulegen und zu erläutern. Denn gerade Neulinge sind oft unsicher aufgrund der sich oft widersprechenden Angaben und Tipps zur Schildkrötenhaltung, wenn dies ohne Erläuterung der Hintergründe geschieht.

Uwe Dost, Esslingen 2006

Einführung

Schon seit jeher nutzen Menschen vieler Kulturen Schildkröten, Schildkrötenteile oder deren Eier als Nahrungsmittel oder schrieben ihnen eine medizinische Wirkung zu. In vielen dieser Kulturkreise hielten Schildkröten zudem Einzug in die Glaubenswelt, vorwiegend mit positiven Attributen wie Weisheit, Fruchtbarkeit und Langlebigkeit behaftet. Im Mittelmeerraum wurden Landschildkröten, obwohl sie z. T. auch heute in vielen Gegenden lediglich als lästige Schädlinge oder als günstiges Nahrungsmittel betrachtet werden, schon früh als „Haustiere" entdeckt.

Die Schildkrötenhaltung erfordert ein breites Hintergrundwissen und ist kein "Kinderspiel".
Foto: U. Dost

Im Südosten Spaniens hat zum Beispiel nach PEREZ et al. (2004) das nicht kommerzielle Absammeln von Landschildkröten zur Haltung im Garten eine sehr lange Tradition. Aber nicht nur in Spanien wurden/werden Schildkröten eingesammelt um sie mit nach Hause zu nehmen. Beispielsweise gilt es aufgrund fehlender fossiler Belege heute als unstrittig, dass die Breitrandschildkröte vom Menschen auf Sardinien eingeschleppt wurde. Allein der Zeitpunkt der Ersteinfuhr, ob in der jüngeren Vergangenheit, im Mittelalter oder bereits durch vorchristliche Seefahrervölker, wird noch diskutiert. Dies ist nur ein Beispiel für eine auf den Menschen zurückzuführende Schildkrötenpopulation im Mittelmeerraum, noch etliche andere Schildkrötenvorkommen werden frühen Kulturen, etwa Griechen, Karthagern oder Mauren zugeschrieben.

In Nord- und Mitteleuropa begann der Siegeszug der Landschildkröten, vor allem von *T. hermanni*, einige Jahre nach Beendigung des zweiten Weltkrieges. Jahrzehntelang wurden überall in Südeuropa Landschildkröten zu hunderttausenden für den Export abgesammelt und ganze Landstriche ihrer Schildkrötenbestände beraubt. Als genügsame „Haus-

tiere" angepriesen, wurden die mediterranen Landschildkröten hierzulande lediglich für ein „paar Mark" verkauft. Allein das ehemalige Jugoslawien exportierte nach KIRSCHE (1997) jährlich 400.000 Griechische Landschildkröten pro Jahr, und Jugoslawien war nicht der einzige Schildkröten exportierende Staat.

Bis die Schildkröten beim Einzelhändler über den Ladentisch gingen, hatten sie bereits einiges durchgemacht. Nach Aussagen von Zeitzeugen (z.B. BROCK 2004 mündl. Mitt. oder ROGNER (2005)) war der Umgang mit den Tieren damals geradezu himmelschreiend. Vor Ort wurden sie – uns heute unvorstellbar - wie Kohlen oder Kartoffeln mit Schaufeln auf Lastwagen geschippt und zum Exporteur gekarrt. Zum Transport füllte man einfache Holzkisten randvoll mit den Schildkröten. Beim Großhändler am Bestimmungsort mussten sie oft bis zu ihrem Verkauf im Lager ohne jegliche Versorgung in den ungeöffneten Holzkisten ausharren. Diejenigen, die diese rustikale Behandlung bis dahin halbwegs unbeschadet überlebt hatten wurden beim Einzelhändler meist kaum besser untergebracht. Entweder wurden sie bis zu ihrem Verkauf einfach weiter in den Holzkisten belassen (WEGEHAUPT 2003) oder dicht an dicht in Schubladen (siehe KIRSCHE S.91) ohne jegliche technische Ausstattung gepfercht.

Aufgrund ihres geringen Preises erfolgte der Kauf der als anspruchslos angepriesenen Landschildkröten oft spontan, und ohne genauere Pflegeanleitungen wurden sie in unkundige Hände abgegeben. Nach langer, entbehrungsreicher Odyssee endlich in ihrem neuen Zuhause angelangt, bezogen sie, dem Vorbild des Einzelhändlers folgend, oft abermals lediglich einfache, kleine Behälter ohne lokale Wärmequelle. Die uns heute befremdende Haltung der Tiere in einer Holzkiste oder im Schuhkarton unter dem Bett ohne angemessenen Wärmespot und UV-B-Lichtquelle war damals keine Ausnahme sondern wie immer wieder erzählt wird, gang und gäbe.

Die glücklichen Exemplare, die nicht nur in der Wohnung aufbewahrt wurden sondern bei Sonnenschein wenigstens Freigang im Garten oder auf dem Balkon erhielten, überlebten meist sogar bis in den Herbst. Doch mit Beginn des Winters begann das Massensterben. Vor allem die Überführung der Schildkröten in den Keller zur Überwinterung ohne ihnen zuvor eine weitestgehende Entleerung des Verdauungstraktes zu ermöglichen, zu hohe Temperaturen im Heizungskeller, zu trockenes Substrat in der Überwinterungskiste in dem die Tiere mumifizierten, Erkältungen, hervorgerufen durch die freie Haltung in der Wohnung ohne Wärmespot, auf zugigen, kalten Fußböden oder Stoffwechselprobleme aufgrund ungeeigneter Ernährung kosteten vielen Schildkröten das Leben. Nach OBST (1985) überlebten nur etwa 2 % aller importierten Tiere das erste Jahr. Da die mediterranen Landschildkröten von ihren Lebensräumen her gewohnt sind, Zeiten mit ungünstigen Klimabedingungen oder kargem Futterangebot problemlos zu überdauern, siechten sie oft mehr oder weniger lange vor sich hin bevor sie schließlich verstarben. Gerade dieses zähe Ausdauern untermauerte damals ihren Ruf als anspruchslose Haustiere. Zudem war der Ausgleich der Winterverluste im Frühling durch frische Importe bei dem geringen Preis ja auch kein Problem.

Besonders die günstigen Anschaffungs- und Unterhaltskosten sowie die scheinbar so einfache Art der Unterbringung im Schuhkarton sind bis heute vielen Menschen gut in Erinnerung geblieben. Doch Landschildkröten sind inzwischen zu Tieren der „gehobenen Preisklasse" aufgestiegen. Mit schöner Regelmäßigkeit ruft heute die Nachfrage nach dem Anschaffungspreis für die Schildkröte und ihrer Unterbringung bei Schildkröteninteressenten ein großes Erstaunen hervor. Denn nicht nur der Preis fürs Tier hat sich vervielfacht sondern auch die Schaffung eines artgerechten Lebensraumes, d. h. die Anlage eines Freigeheges oder die Kosten eines Terrariums samt der notwendigen technischen Ausstattung sind deutlich kostenintensiver als der einst übliche Schuhkarton.

Auf die Nachfrage nach dem Verbleib der Schildkröte aus den Kindertagen nennen viele Schildkröteninteressenten, meist etwas verlegen, neben dem Entlaufen vor allem gesundheitliche Probleme während des Winters als Verlustursache. Beim gemeinsamen Erörtern der Klima- und Umweltbedingungen in den mediterranen Lebensräumen der Landschildkröten sowie der daraus abzuleitenden, den natürlichen Gegebenheiten nachempfundenen Ernährung reift bei ernsthaften Schildkröteninteressenten schnell die Einsicht, welche Haltungsfehler damals die Tiere erkranken ließen.

Die Art *Testudo hermanni* (Griechische Land-schildkröte) zählt, wie alle anderen europäischen Landschildkröten auch (Ausnahme *T. horsfieldii*), nach der derzeit gültigen Fassung der Verordnung (EG) Nr. 338/97, zu den streng geschützten Arten. Durch diese Einstufung ist nach den gesetzlichen Regelungen die Ein- und Ausfuhr, der Kauf und Verkauf und die kommerzielle Nutzung verboten. Der Handel unterliegt besonders strengen Regelungen und kann nur in Ausnahmefällen zugelassen werden, wie beispielsweise für in menschlicher Obhut nach-gezüchtete Exemplare. Dafür werden EG-Beschei-nigungen (bis zum 1.6.1997 blaue, danach gelbe Formulare) benötigt. Nur mit den originalen Bescheinigungen ist der Nachweis möglich, dass ein Tier legal im Eigentum ist. Ein Tier darf daher nur mit einer bereits vorliegenden EG-Bescheinigung gehan-delt werden. Zum Handel gehört auch Tausch, Austausch, Anbieten um Verkauf, Vermieten und Verschenken. Die Bescheinigungen müssen entspre-chend dem beigefügten Muster ausgefüllt und bei den örtlich zuständigen Naturschutzbehörden bean-tragt werden.

Die Haltung sowohl von Landschildkröten, als auch allen anderen geschützten Tieren unterliegt der **Meldepflicht**. Der Tierhalter muss der zuständigen Naturschutzbehörde unverzüglich nach Beginn der Haltung den Bestand der Tiere und nach der Bestandsanzeige alle Veränderungen schriftlich mel-den. Die Meldungen müssen Angaben über Art, Anzahl, Alter, Geschlecht, Herkunft, Verbleib, Standort, Verwendungszweck und Kennzeichen der Tiere enthalten. Die Verlegung des regelmäßigen Standortes, oder eine Namensänderung des Tier-halters ist ebenfalls schriftlich anzuzeigen. Für Landschildkröten gilt eine **Kennzeichnungspflicht**. Diese hat in Form einer Fotodokumentation zu erfol-gen. Das erste Foto einer Jungtierdokumentation soll-te frühestens im zweiten und spätestens zum Ende des dritten Monats nach dem Schlupf angefertigt werden. Das nächste Foto muss im Alter zwischen fünf und acht Monaten folgen. Der dritte Fototermin schließt sich im Alter von 12 bis 14 Monaten an. Zwischen dem 25. und 28. Monat muss das vierte Foto gemacht werden. Im Alter von circa drei Jahren

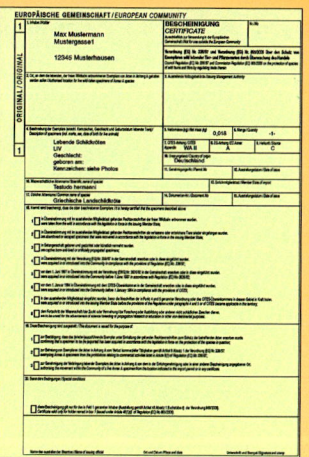

EG-Bescheinigung

(36-39 Monate) sollte der fünfte Fototermin erfolgen. Für die praktische Umsetzung bedeutet dies, dass im Schlupfjahr das erste Foto gemacht werden muss, im nächsten Jahr stehen zwei Fototermine an, Frühjahr und Herbst. Im zweiten und dritten Lebensjahr der Jungtiere muss jeweils im Herbst ein Foto angefertigt werden. Ab dem fünften Fototermin empfiehlt sich bis zur Geschlechtsreife ein jährlicher Turnus. Für erwachsene Tiere reicht ein Abstand von fünf Jahren, um eventuelle Veränderungen zu dokumentieren. Die Tiere müssen formatfüllend, senkrecht von oben und unten, gut ausgeleuchtet und sehr deutlich abgebildet sein. Dunkle oder unscharfe Fotos oder Aufnahmen in denen Schatten vorhanden sind, können nicht aner-kannt werden, da sonst wichtige Merkmale nicht erkennbar sind. Am besten gelingen entsprechende Aufnahmen unter Verwendung einer normalen Spiegelreflexkamera, die möglichst mit einem Nahaufnahme- bzw. Makro-Objektiv ausgestattet ist. Sofern digitale Kameras eingesetzt werden sollen, haben diese eine möglichst hohe Auflösung aufzu-weisen um eine Qualität zu erreichen, die der nor-malen Fotografie entspricht. Ab 500 Gramm Lebendgewicht können Schildkröten auch mit einem Mikrochip gekennzeichnet werden. Die Fotodoku-mentation entfällt dann. Da sich immer wieder Ände-rungen ergeben können, ist bei Fragen und Unklarheiten über die augenblicklich geltenden recht-lichen Bestimmungen bei den dafür zuständigen Behörden Auskunft einzuholen.

Name und Systematik

Irreführende Trivialnamen

CARL VON LINNÉ, der Begründer der binären Nomenklatur, die jeder Art ihren Platz im biologischen System zuweist, beschrieb 1758 die allererste Landschildkrötenart unter dem Namen *Testudo graeca* , (übersetzt aus dem lateinischen graeca = griechisch) – also als Griechische Landschildkröte. Die ihm vorliegenden Exemplare stammten jedoch nicht aus Griechenland sondern aus Nordafrika. *Testudo graeca* wird heute im deutschsprachigen Raum allgemein als Maurische Landschildkröte bezeichnet. Eine Unterart der Maurischen Landschildkröte, *T. graeca ibera*, kommt jedoch auch in Griechenland vor. Heute im Zeitalter der Globalisierung und des weltweiten Datenaustausches ist, um Missverständnisse im internationalen Austausch bezüglich Tier- und Pflanzenarten auszuschließen, daher stets der wissenschaftliche und nicht der landesübliche Trivialname einer Art maßgebend, auch wenn die wissenschaftlichen Bezeichnungen Laien oft nur schwer über die Lippen gehen. Beispielsweise wird *T. hermanni* in Frankreich und in England nicht wie bei uns als Griechische, sondern treffender übersetzt als Hermann`s Landschildkröte bezeichnet. Die in unserem Sprachraum gängige Bezeichnung „Griechische Landschildkröte" für *Testudo hermanni* ist genau genommen nicht nur falsch übersetzt sondern zudem auch unpräzise. Denn in Griechenland sind mindestens 3 Arten von Landschildkröten heimisch: neben der Breitrandschildkröte (*T. marginata*) die östliche Unterart der Maurischen Landschildkröte (*T. graeca ibera*) sowie die östliche Unterart der „Griechischen" Landschildkröte (*T. hermanni boettgeri*). Welche der 3 Arten ist nun mit der trivialen Bezeichnung Griechische Landschildkröte gemeint bzw. verdient diese am ehesten?

Testudo graeca

Griechische Landschildkröte (*T. hermanni*) und Maurische Landschildkröte (*T. graeca*) können auf den ersten Blick leicht miteinander verwechselt werden. Bei genauerer Betrachtung fallen jedoch mehrere Unterschiede zwischen beiden Arten auf. Beispielsweise trägt *T. hermanni* am Schwanzende stets einen Hornnagel welcher *T. graeca* immer fehlt. Ferner fehlen *T. hermanni* die für *T. graeca* charakteristischen, vergrößerten Höckerschuppen auf den Oberschenkeln der Hinterbeine. Der Schwanzschild ist bei *Testudo graeca* stets ungeteilt, bei *Testudo hermanni* dagegen, Ausnahmen bestätigen die Regel, meist geteilt. Zudem unterscheiden sich beide Arten bezüglich der Zeichnung ihres Bauchpanzers.

Die Griechischen Landschildkröten besitzen am Schwanzende einen Hornnagel.   Foto: U. Dost

Der *Testudo hermanni*-Komplex

Der rundlichovale Panzer von *T. hermanni* ist normalerweise hoch gewölbt. Mit zunehmendem Alter erscheinen die Männchen in der Aufsicht aufgrund der sich aufwölbenden Randschilder im Bereich der Hinterbeine mehr und mehr trapezförmig. Bei sehr betagten Weibchen, vor allem der Ostrasse, können die Randschilder der Hinterbeine auch stark aufgewölbt sein, dennoch sehen sie im Vergleich zu den Männchen eher länglich oval in der Aufsicht aus. Die Grundfarbe des Rückenpanzers variiert je nach Unterart von grau über oliv bis leuchtend gelb. Eine gelegentlich auftretende grünliche Färbung des Panzers rührt von einem UV-Lichtmangel und lässt sich durch Sonnenlicht bzw. UV-Lichtbestrahlung beheben. Die einzelnen Hornschilde weisen je nach Unterart mehr oder weniger deutlich abgegrenzte, schwarze Zeichnungsmuster auf.

Testudo hermanni besitzt ein sehr großes Verbreitungsgebiet innerhalb dessen mehrere unterscheidbare Lokalformen/Rassen auftreten. Beispielsweise beschrieben bereits MOJSISOVICS 1889 eine Landschildkrötenpopulation aus Rumänien als *T. graeca* var. *boettgeri* und WERNER 1899 die Landschilkröten der dalmatischen Küste als

Testudo graeca var. *hercegovinensis* (beide Autoren nach damaligem Wissen noch als neue Formen von *T. graeca*), was jedoch keine wissenschaftliche Anerkennung fand. Inzwischen gibt es in vielen Ursprungsländern von *T. hermanni*, etwa in Spanien und in Südfrankreich, durch die massiven Eingriffe des Menschen in die Natur keine flächendeckenden Vorkommen mehr sondern nur noch stark bedrohte, individuenarme und voneinander isolierte Restpopulationen. Dennoch existieren immer noch mehrere durchaus in Gestalt und Aussehen unterscheidbare Lokalformen. WEGEHAUPT (2003) nennt allein zehn unterscheidbare Lokalformen für Italien, ROGNER (2005) eine noch unbeschriebene aus Griechenland (Peloponnes).

Daher überraschte es wenig, dass in den letzten Jahren, nach neuen Untersuchungen verschiedener Populationen von *Testudo hermanni*, Bewegung in die Taxonomie geraten ist. Allerdings wird noch heftig von der Fachwelt über die Einordnung der Varianten ins taxonomische System diskutiert. Im Moment werden drei geografische Rassen/ Variationen von *T. hermanni* von der einen Seite lediglich als Unterarten, von der anderen jedoch als eigenständige Arten angesehen.

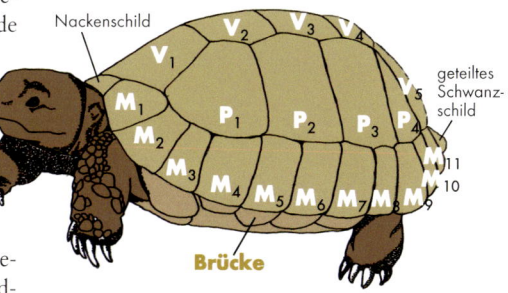

Seitenansicht einer Griechischen Landschildkröte (M=Marginalschild, P=Pleuralschild, V=Vertebralschild).   Zeichnung: M. Lewanter

T. h. boettgeri

T. graeca

T. marginata

T. graeca

Die Bauchseite ist charakteristisch für die Art.
Foto: U. Dost

Bereits 2001 wurde von LAPPARENT DE BROIN (2001), zit. in VINKE & VINKE (2004), vorgeschlagen, die Gattung *Testudo* in verschiedene Gattungen aufzuteilen. PIEH (2005, mündl. Mittl.) hält dies aufgrund anatomischer Unterschiede von *Testudo hermanni* im Vergleich zu *Testudo graeca* für durchaus möglich, weshalb er eine Überführung des *Testudo hermanni*-Komplexes in eine andere Gattung nicht ausschließt. Kurz vor Drucklegung des Buches war es soweit, LAPPARENT DE BROIN et al. (2006) stellten die Arten des *Testudo hermanni*-Komplexes in eine eigene Gattung - *Eurotestudo* - und grenzten sie somit von den übrigen Europäischen Landschildkröten der Gattung *Testudo* ab. Da diese Arbeit erst nach der Layouterstellung dieses Buches veröffentlicht wurde, konnte die neue Taxonomie hier nicht mehr berücksichtigt werden. Zudem wird sie heftig diskutiert und molekulargenetische Untersuchungen zu ihrer Bestätigung stehen noch aus, weshalb abzuwarten bleibt, welche Ergebnisse weitere Untersuchungen zu Tage bringen.

Die Unterarten von *Testudo hermanni*

Testudo hermanni wurde 1789 von GMELIN erstbeschrieben. Trotz verschiedener Versuche, andere Variationen als Unterarten (s. o. z. B. WERNER 1899) oder Arten zu beschreiben, dauerte es bis 1952 ehe WERMUTH mit *T. hermanni robertmertensi* die westliche Form/ Rasse als Unterart der Griechischen Landschildkröte beschrieb und von der östlichen Nominatform *T. h. hermanni* abgrenzte.

Als BOUR 1987, nachdem das Exemplar (der Holotypus) anhand dessen GMELIN Testudo hermanni beschrieben hatte, wieder aufgetaucht war, feststellte, dass es sich dabei um ein Exemplar aus Südfrankreich handelte, war nach den internationalen Regeln der Nomenklatur von nun an die westliche Unterart als Nominatform *T. h. hermanni* Gmelin (1789) zu führen. Die Östliche Unterart wurde in Anlehnung an Mojsisovics (1889) Benennung der rumänischen Population von da ab als *T. h. boettgeri* MOJSISOVICS (1889) benannt. Im Jahr 2002 wurden nach neuen Untersuchungen verschiedener geografischer Rassen von *T. hermanni* von PERÄLÄ die zuvor der östlichen Unterart von *T. hermanni* zugerechnete Population des dalmatischen Küstenlandes als – *Testudo hercegovinensis* WERNER 1899 – als Dalmatische Landschildkröte in den Artrang erhoben. Andere Wissenschaftler (s. o.) betrachten die Dalmatische Landschildkröte jedoch lediglich als dritte Unterart von *Testudo hermanni*.

Aussehen, Merkmale zur Unterscheidung der Unterarten

Testudo hermanni ist in Form und Färbung sehr variabel. Einzelne der folgenden aufgezählten Merkmale können bei manchen Exemplaren durchaus nur schwach ausgeprägt sein bzw. gar ganz fehlen. Aus dem Vorhandensein mehrerer Merkmale, dem Gesamteindruck, kann jedoch in der Regel die Unterartzugehörigkeit ermittelt werden. Die Zeichnung des Bauchpanzers ist artspezifisch.

Testudo hermanni hermanni GMELIN 1789
Westliche Unterart bzw. Westrasse der Griechischen Landschildkröte/Nominatform

Die Westrasse ist wohl die kleinste Unterart. Die Größenangaben schwanken von 12-16 cm (Plastronlänge) und 350g bis 650 g Gewicht für Männchen und 14-21 cm und 650g bis 1200g MÜLLER (2005, Internetseite). Besonders die Inselformen der Balearen sind sehr kleinwüchsig. KIRSCHE (1997) nennt für Männchen ein Stockmaß von etwa 17 cm, für die Weibchen höchstens 20 cm. ROGNER (2005) führt für Männchen ein Stockmaß von bis 18 cm, für Weibchen bis zu 25 cm an. Im Vergleich zu den beiden anderen Unterarten ist die Westrasse am kräftigsten gefärbt. Besonders das oft leuchtende Gelb der hellen Panzerteile bildet einen sehr schönen Kontrast zu der sattschwarzen, klar abgegrenzten Zeichnung der einzelnen Panzerplatten. Sie gilt daher zu Recht als die schönste Unterart.

Die schwarzen Flecken der Bauchschilder verschmelzen zu zwei breiten, durchgehenden Längsbändern, die sich klar von den hellen Panzerteilen abgrenzen. In der Regel befindet sich auf den Wangen knapp unterhalb der Augen ein mehr oder weniger großer, auffälliger gelber Fleck. Beim Betrachten des Bauchpanzers fällt auf, dass die Mittelnaht zwischen den Brustschildern kürzer ist als die zwischen den Beinschildern. Häufig wird noch die sog. Schlüssellochzeichnung über dem Schwanzschild, welche jedoch nicht immer deutlich ausgeprägt ist, zur Unterarterkennung angeführt.

Gesamtansicht.

Bauchseite.

Der gelbe Wangenfleck.

Die Schlüssellochzeichnung.   Fotos: U. Dost

Testudo hermanni boettgeri MOJSISOVICS 1889
Östliche Unterart bzw. Ostrasse der Griechischen Landschildkröte.

Die Ostrasse ist die größte Unterart. Nach MÜLLER (2005) erreichen die Männchen ein Stockmaß von 13-21 cm bei einem Gewicht von 600g bis 1200g, die Weibchen 16-26 cm bei einem Gewicht von 1100g – 3000 g. KIRSCHE (1997) gibt an, dass das das Stockmaß normalerweise bei 20-25 cm liegt, in seltenen Fällen werden von Tieren aus Mazedonien und Albanien (ZIRNGIBL 2000) bis zu 30 cm erreicht. Nach ZIRNGIBL existiert auf dem Peloponnes eine sehr klein bleibende Population der Ostrasse bei der die Männchen nur 10,5, die Weibchen höchstens 12 cm erreichen. Im Gegensatz zur Westrasse ist die Ostrasse weniger auffällig und kontrastreich gefärbt sowie die Zeichnung weniger klar abgesetzt. Die Grundfarbe variiert von gelb-oliv bis ocker-bräunlich. Allerdings gibt es auch vereinzelt fast einfarbig gelbe Exemplare (s. S. 90). Die Flecken auf dem Bauchpanzer können zwar miteinander in Verbindung stehen, bilden jedoch nicht so deutlich abgegrenzte, durchgehende Längsbänder wie bei der Westrasse. Aus Griechenland ist eine Lokalform mit fast vollständig schwarz gefärbtem Bauchpanzer bekannt (s. S. 74). Selten tragen Exemplare der Ostrasse einen gelben Fleck auf den Wangen, falls ja, ist er kleiner und weniger leuchtend ausgebildet als bei der Westrasse. Bei der Ostrasse ist, anders als bei der Westrasse, die Mittelnaht zwischen den Brustschildern länger als die zwischen den Beinschildern. Ob die Tiere der Populationen mit den Größen- und Färbungsabweichungen nur Varianten der Ostrasse oder vielleicht gar weitere Unterarten darstellen bleibt abzuwarten.

Gesamtansicht.

Bauchseite.

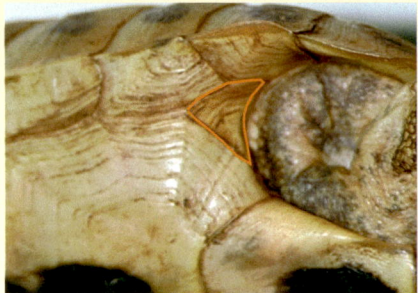

Unterseite, Hinterbein: Hüftschild vorhanden.

Rückseite.

Fotos: U. Dost

Testudo hermanni hercegovinensis Werner 1899
Dalmatische Landschildkröte bzw. dalmatische Unterart

Die Dalmatische Landschildkröte bleibt ebenfalls kleiner als die östliche Unterart. Vinke & Vinke (2004) nennen ein maximales Stockmaß von 14,8 cm für Männchen und 19 cm für Weibchen, also in etwa die Größenordnung der westlichen Unterart. Mit zunehmendem Alter verlieren die Tiere ihre klare Jugendzeichnung und die Farbe tendiert zu olivgrau. Die Zeichnung der einzelnen Bauchpanzerplatten verschmilzt zu zwei deutlicher als bei der Ostrasse ausgebildeten jedoch nicht so klar wie bei der Westrasse definierten Längsbändern. Der bei den beiden anderen Unterarten deutlich zu erkennende Hüftschild (Inguinale) fehlt meist, jedoch nicht immer Vinke & Vinke (2004), z. T. ist er auch nur einseitig ausgebildet. Der fehlende Hüftschild wird durch die Vergrößerung des mittleren Plastronschild ausgeglichen. Ferner besitzen sie einen, wenn auch nicht so deutlich wie bei der Westrasse ausgeprägten, gelben Wangenfleck, der jedoch auch fehlen kann.
Der siebte Randschild (Marginale) reicht meist nicht bis zur Hüftöffnung. Ein drittes, inneres Unterscheidungsmerkmal, das nur durch eine Röntgenuntersuchung festgestellt werden kann, ist das stark gegabelte Schambein. Alle drei Merkmale zur Unterscheidung von der Ostrasse treten nach Perälä jedoch nicht bei allen Exemplaren der Dalmatischen Landschildkröte auf. Während bei der Ost- und der Westrasse die Mittelnaht zwischen Brustschilden und Beinschilden eine unterschiedliche Länge aufweist, scheint sie nach Vinke & Vinke (2004) bei T. h. hercegovinensis beinahe gleich lang zu sein.

Gesamtansicht.

Bauchseite.

Unterseite, Hinterbein: Hüftschild fehlt.

Rückseite.

Fotos: U. Dost

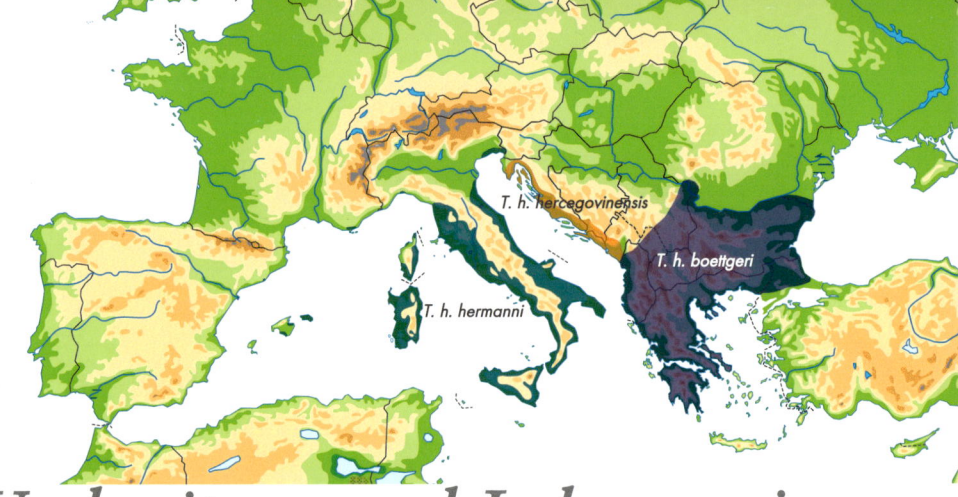

T. h. hercegovinensis

T. h. boettgeri

T. h. hermanni

Verbreitung und Lebensweise

Einst war die Griechische Landschildkröte fast flächendeckend im europäischen Mittelmeerraum verbreitet. Das heutige Verbreitungsgebiet der westlichen Unterart (*T. h. h.*) erstreckt sich grob umrissen vom äußersten Südosten Spaniens sowie den Balearen entlang der Mittelmeerküste Frankreichs, Korsika, Sardinien über die italienische Appenninen-Halbinsel bis nach Sizilien. Die natürlichen Bestände der Westlichen Unterart (*T. h. hermanni* GMELIN 1789) sind allesamt stark in ihrem Bestand bedroht. Vor allem in Spanien und Südfrankreich aber auch in Italien existieren vielfach nur noch kleine isolierte Restpopulationen. In Sizilien wurden Landschildkröten nach ROGNER (2005) in den Monti Nebrodi sogar bis auf eine Höhe von 1550 m angetroffen.

Die Dalmatische Landschildkröte (*T. h. hercegovinensis* WERNER 1899) besitzt ein recht kleines Verbreitungsareal. Es verläuft entlang der dalmatischen Küste sowie der vorgelagerten Inseln, vom kroatischen Istrien bis in den Südwesten Montenegros. Nach ROGNER (2005) steht es nicht gut um die Dalmatische Landschildkröte, viele Vorkommen sind bereits erloschen oder stehen kurz davor.

Die östliche Unterart (*T. h. boettgeri* MOJSISOVICS 1889) ist auf dem Balkan stellenweise noch weit verbreitet. Diese Unterart bewohnt dort nicht nur das Küstengebiet, sondern dringt in Bulgarien und Rumänien (dort bis an den Rand der Südkarpaten) weit ins Landesinnere vor. In Bulgarien lebte *T h. boettgeri* in Höhen bis max. 1400 m (ROGNER 2005). Im Gegensatz zu den beiden anderen Unterarten scheinen die Vorkommen der Östlichen Unterart in einigen Balkanstaaten noch flächendeckend, individuenreich und bis auf die bulgarischen Vorkommen noch nicht in ihrem Bestand bedroht zu sein.

Südfrankreich im Frühjahr. Foto: U. Dost

Oben: Die ungefähre Verbreitung von *Testudo hermanni* (nach ROGNER 2005 und VETTER 2006).

Bedrohung

Trotz des Erlasses von Schutzbestimmungen schwinden die Schildkrötenbestände im Mittelmeerraum seit Jahrzehnten. Fast alljährlich kommt es im Hochsommer im Süden Europas zu verheerenden Großbränden bei denen neben vielen Hektar Wald und Buschheide auch viele Schildkröten verbrennen. DEVAUX (2003) gibt dazu zu bedenken, dass nicht die Brände an sich bedrohlich für die Schildkrötenbestände sind. Schon seit tausenden von Jahren sind die Mittelmeeranrainer diese die Natur erneuernden Feuer gewohnt, ohne das die Schildkröten aussterben. Bedrohlich wirkt sich heute jedoch die Kombination von Feuer und menschlichen Eingriffen in die Natur aus.

Der Verlust des Lebensraumes sowie seine Zerstückelung in kleine isolierte Restflächen durch den Siedlungs- und Straßenbau, den Landschaftsverbrauch für den Tourismus sowie die Erschließung neuer Agrarflächen führte vielerorts zum Erlöschen von Schildkrötenpopulationen bzw. zur Entstehung individuenarmer, isolierter Restbestände. Unterschreitet die Individuenzahl einer Population eine bestimmte Untergrenze führt die Verarmung des Genpools meist auf längere Sicht hin zum Erlöschen des Bestandes. Ganz abgesehen davon, dass individuenarme Populationen in kleinräumig begrenzten Biotopen weitaus mehr durch das Absammeln, Unfälle oder Feuersbrünste in ihrem Bestand bedroht sind.

Durch Waldbrände gibt es immer wieder viele Schildkrötenopfer.   Foto: U. Dost

Viele Schildkröten fallen dem Straßenverkehr zum Ofer.   Foto: U. Dost

Bedrohung der Lebensräume durch Nutztiere in Korfu.   Foto: K. Grießhammer

Klima im natürlichen Lebensraum

Um Terrarientiere, nicht nur Landschild-kröten, in menschlicher Obhut möglichst art-gerecht pflegen zu können ist es notwendig, sich mit den Klima- und Umweltbedingungen der ursprünglichen Lebensräume der Tiere vertraut zu machen. Einerseits erschließt sich beim Vergleich der Klimatabellen der unter-schiedlichen Standorte dem aufmerksamen Betrachter schnell, welche Unterschiede der Klimawerte mittels technischer Hilfsmittel geschaffen bzw. ausgeglichen werden müssen. Zudem wird leicht ersichtlich, welchen Wetterbedingungen bzw. -schwankungen die Tiere ausgesetzt sind. Denn gerade Terrarien-neulinge halten sich oft übergenau an Vorgaben aus der Literatur und sind oft völlig

Klima in Nizza (Frankreich) Höhe: 5 m ü NN

Monat	JAN	FEB	MRZ	APR	MAI	JUN	JUL	AUG	SEP	OKT	NOV	DEZ
Absol. Temp. Max. (C°)	22,2	21,0	21,2	26,0	29,9	31,2	34,0	35,8	32,0	28,6	22,8	22,6
Absol. Temp. Min. (C°)	-1,6	-4,6	-1,5	3,2	5,1	10,6	12,8	11,4	10,0	4,2	1,2	-2,2
Sonnenstunden	148	165	196	243	272	312	362	324	263	200	153	137
Regentage	9	7	8	9	8	5	2	4	7	9	9	9
Niederschlag (mm)	68	61	73	73	68	35	20	27	77	124	129	107

Klima in Plovdiv (Bulgarien) Höhe: 160 m ü NN

Monat	JAN	FEB	MRZ	APR	MAI	JUN	JUL	AUG	SEP	OKT	NOV	DEZ
Absol. Temp. Max. (C°)	19,4	23,6	28,4	30,7	35,3	38,5	39,3	41,3	36,5	32,7	23,9	22,1
Absol. Temp. Min. (C°)	-31,5	-29,1	-17,5	-4,0	-0,3	6,0	8,2	5,6	0,2	-5,8	-9,1	-18,0
Sonnenstunden	81	105	149	203	234	271	328	321	241	167	87	75
Regentage	7	5	6	7	9	8	6	4	4	5	7	6
Niederschlag (mm)	41	34	40	43	55	67	47	31	33	45	53	52

Klima in Stuttgart Höhe: 401 m ü NN

Monat	JAN	FEB	MRZ	APR	MAI	JUN	JUL	AUG	SEP	OKT	NOV	DEZ
Absol. Temp. Max. (C°)	15,0	19,2	22,9	28,3	32,3	33,5	37,0	36,9	32,1	28,2	21,8	18,8
Absol. Temp. Min. (C°)	-25,7	-24,9	-16,2	-7,6	-5,1	2,1	3,6	4,0	-2,3	-7,4	-16,0	-25,8
Sonnenstunden	70	90	150	181	225	204	236	218	178	136	66	60
Regentage	16	13	12	14	14	15	15	14	14	12	15	13
Niederschlag (mm)	46	39	38	49	73	92	80	75	64	47	46	38

Die Daten stammen aus: MÜLLER (1996). Die Zahlen in den Tabellen sind Durchschnittswerte aufgelöst falls eine minimale Abweichung einzelner Klimawerte auftritt, z.B. falls bei einem Defekt des Wärmespots übers Wochenende kein Ersatz zu besorgen ist. Natürlich dürfen die Pfleglinge im Terrarium oder im Freigehege nicht Extremklimawerten wie z. B. extremer Kälte (siehe durchgefrorene Schildkröten S. 25) oder Hitze ausgesetzt werden, denn diese fordern auch in den natürlichen Lebensräumen der Tiere ihre Opfer. Andererseits werden Terrarientiere häufig 365 Tage im Jahr unter Hochsommerbedingungen viel zu gleichförmig und eintönig gepflegt, dabei sind gewisse Schwankungen der Klimawerte dem Wohlbefinden durchaus förderlich weil sie den Organismus abhärten. Ähnliches gilt übrigens auch für eine zu sterile Haltung (vgl. S. 49). Das Klima Mitteleuropas unterscheidet sich deutlich vom Klima des Mittelmeerraumes. Während in Mitteleuropa die Winter recht kalt sind und weniger Niederschläge fallen als im Sommer, lässt sich das Mittelmeerklima als winterfeucht bei gemäßigten Temperaturen sowie trockenheiß im Sommer umschreiben.

Wichtiger als die Jahresdurchschnittswerte sind jedoch die Klimawerte der einzelnen Monate, vor allem die absoluten Minimal- bzw. Maximaltemperaturen, die Niederschlagsmengen, die Regentage sowie die Sonnenscheindauer. Zur Verdeutlichung der Unterschiede des Klimas von Süd- zu Mitteleuropa dient uns ein Vergleich der Klimatabellen (vgl. S. 16) von Stuttgart-Hohenheim (Süddeutschland), Plovdiv (Bulgarien) und Nizza (Südfrankreich).

Erstaunlich für uns Mitteleuropäer, die den Süden größtenteils nur im fast niederschlagsfreien Sommer bereisen, ist sicherlich die hohe jährliche Niederschlagsmenge von Nizza (im Mittel 862 mm) im Vergleich etwa zu Stuttgart (687 mm) und Plovdiv (541 mm). Auffällig sind ferner die deutlichen saisonalen Unterschiede der Niederschlagsverteilung.

Während es in Stuttgart von April bis Oktober am ausgiebigsten regnet, fallen in Nizza von Juni bis August, abgesehen von lokalen Hitzegewittern, kaum nennenswerte Niederschläge. In Plovdiv fällt weniger Regen als in Stuttgart und Nizza. Generell sind rund ums Mittelmeer in Küstennähe die Sommermonate, trotz regionaler Unterschiede, die niederschlagsärmsten Monate des Jahres. Vergleichen wir die Anzahl der Sonnenstunden der drei genannten Orte von April bis Oktober, in etwa die Aktivitätszeit der Schildkröten, beträgt die Sonnenscheindauer in Nizza 1976 Stunden, in Plovdiv 1765 und in Stuttgart 1378 Stunden. In den natürlichen Lebensräumen der Landschildkröten scheint die Sonne deutlich länger (in Nizza ca. 600 Stunden oder umgerechnet täglich fast 3 Stunden länger als in Stuttgart) als in unseren

Biotop auf Mallorca.   Foto: U. Dost

Landschildkröten-Biotop auf Sardinien.
Foto: U. Dost

Breiten. Gewitter im Süden Europas können zwar z. T. sehr heftig und niederschlagsreich sein, jedoch scheint danach meist bald wieder die Sonne mit voller Kraft und der Boden trocknet schnell ab. In Deutschland regnet es sich dagegen oftmals ein und selbst im Sommer kann tagelang nasskaltes Wetter vorherrschen. Schließlich sind noch die milden Wintertemperaturen in Nizza sowie die recht geringen absoluten Minuswerte über die Wintermonate im Vergleich zu Stuttgart, wo eigentlich noch bis Juni mit Nachtfrösten gerechnet werden muss, zu berücksichtigen. In Plovdiv wird es im Winter sehr kalt und die Minustemperaturen halten wenigstens 5 Monate an. Das Klima in Plovdiv (Bulgarien) weist keine typische mediterrane Ausprägung auf sondern ähnelt eher dem Stuttgarts. Deshalb gelten ja *Th. boettgeri*, besonders die Tiere der Populationen des Balkaninneren, als am besten für die Haltung im Freiland in Mitteleuropa geeignet.

Generell sind Tiere aller drei Unterarten aus Populationen der Küstengebiete aufgrund des dort vorherrschenden milderen Klimas über die Wintermonate deutlich kälteempfindlicher als etwa Tiere der östlichen Unterart aus dem bergigen Inneren der Balkanstaaten. Während die Küstenbewohner etwa 3 Monate ruhen, kann die Winterruhephase bei den Schildkröten aus dem Landesinneren der Balkanstaaten oder aus bergigen Regionen durchaus bis zu 5 Monate betragen (siehe Klimatabelle Plovdiv, S. 16).

Bodenbeschaffenheit und Vegetation im Lebensraum

Um sich Anregungen für die Ausstattung und Einrichtung eines Schildkrötenterrariums oder eines Freigeheges einzuholen, lohnt ein Blick auf die Verhältnisse in den natürlichen Lebensräumen der Schildkröten. Die Bodenbeschaffenheit ist wie die Vegetation abhängig vom Klima und beide verändern sich im Mittelmeerraum, wie anhand der Niederschlagsverteilung zu erwarten, im Jahresverlauf sehr auffällig. Während es im Frühjahr aufgrund der hohen Niederschläge überall grünt und blüht und der Boden noch genügend Feuchtigkeit enthält, verdorrt zum Ende des Sommers hin die Vegetation sowie die Landschaft zusehends und der Boden wird vielerorts sehr trocken und fest.

Wie unterschiedlich die Bodenbeschaffenheit sowie die Vegetation in Landschildkrötenbiotopen im Sommer sein können zeigt ein Blick auf die Fotos (S. 18, 19). Die Palette reicht von lockeren Sandböden über feste trockene Lehmböden bis hin zu steinigen Felsfluren. Landschildkröten kommen fast ausschließlich in kalksteinreichen Gegenden vor, dort sind die Böden in der Regel nährstoffarm und wasserdurchlässig. Sie leben sowohl in kargem Brachland, in steppenartig offenem Gelände mit vereinzelten Büschen und Grashorsten als auch in lichten Wäldern sowie in dichtem, undurchdringlichem niederen Buschland. Vielerorts werden sie als Schädlinge betrachtet weil sie auch auf an ihre Lebensräume angrenzenden Agrarflächen auf Futtersuche gehen.

Testudo hermanni hermanni auf Mallorca im Juni.
Foto: U. Dost

Die Schildkröten nutzen in ihren natürlichen Lebensräumen verschiedene Hohlräume, etwa unter Wurzeln, Rindenstücken, auf dem Boden liegendem Totholz, Gesteinsbrocken, in Erd- bzw. Felsenspalten, um sich zu verbergen oder graben sich an schattigen Stellen mit lockerem Boden selbst Versteckhöhlen. Besonders die Jungtiere verbergen sich die ersten Jahre bevorzugt tief im verfilzten Dickicht der mediterranen Macchia.

Mediterrane Vegetationsformen

Die rund ums Mittelmeer heute vorherrschende, uns typisch mediterran erscheinende Strauch- bzw. Buschvegetationsform mit ihren aromatisch duftenden Büschen und Kräutern, in Frankreich Garrigues, in Italien Macchia und in den östlichen Balkanländern Phrygana genannt, ist menschlichen Ursprungs und entstand erst sekundär durch Axt, Feuer und Beweidung aus den dort ursprünglich weit verbreiteten immergrünen Hartlaubwäldern mit den charakteristischen Steineichen (SCHÖNFELDER, I. & P. 1990).

Buschheide und Erdbeerbaum dominieren den oft undurchdringlichen Buschwald. Ferner finden sich in den 2-5 m hohen Macchien häufig Myrte, Zistrosen, Steinlinden und Mastixstrauch. In der meist nur bis 1,5 m hohen Garrigue sind häufig Wacholder-, Ginster- und Wolfsmilcharten anzutreffen. In den „gemischten" Garrigues wachsen zwischen den locker stehenden Büschen viele Blütenpflanzen wie Orchideen und Kugelblumen sowie aromatische Kräuter wie etwa Rosmarin, Salbei, Thymian und Lavendel. Besonders die stark aromatisch duftenden Gewächse hinterlassen bei uns nachhaltige Urlaubserinnerungen, werden aber meist von den Landschildkröten verschmäht und gelten sogar als giftig. DENNERT (2004) führt Rosmarin und Gartensalbei! (leider ohne wissenschaftlichen Namen, gemeint ist wohl der Zier- oder Gartensalbei (*Salvia nemorosa*), von dem etwa 30 Sorten angeboten werden, (übrigens ein weiteres Beispiel, wie wichtig die korrekten wissenschaftlichen Namen sind und

Korfu im Sommer.   Foto: K. Grießhammer

Schildkröten zum Trinken. Sie können jedoch nicht schwimmen und gehen im Wasser unter wie ein Stein! Ist eine Schildkröte ins Wasser gefallen, kann sie nur über den Grund laufend das Gewässer an flach auslaufenden Ufern wieder verlassen. Daher gehören nur flache Wasserschalen ins Schildkrötengehege und auf Teiche mit steilen Ufern oder Wasserschalen mit hohen, glatten Rändern ist unbedingt zu verzichten. Bemerkenswert sind Berichte in Literatur und Internet über ins Wasser gefallene und scheinbar ertrunkene Landschildkröten. Bei niedrigen Wassertemperaturen konnten diese noch nach mehr als einem Tag (BECKER & WILLIG 2004) erfolgreich reanimiert werden.

wie verwirrend die Trivialnamen!) unter den für Landschildkröten giftigen Pflanzen auf.

Um im Freigehege oder im Zimmerterrarium etwas Mittelmeerflair zu verbreiten können u.a. Wachholder, Erika, Lavendel, Oregano (Wilder Majoran oder Dost), Salbei (Küchensalbei, *Salvia officinalis*!, nicht Gartensalbei *Salvia nemorosa* s. o.), kleine Kiefern oder Sommerflieder eingepflanzt werden. Diese Pflanzen spenden den Tieren Schatten, werden jedoch meist nicht gefressen.

Verhalten im Lebensraum

Im Frühjahr mit dem Ansteigen der Temperaturen, in Küstennähe meist im März im Landesinneren ein paar Wochen später, erwachen die Landschildkröten aus der Winterruhe.

Da es im März im Mittelmeerraum noch häufig und kräftig regnet (siehe S. 16 Nizza) können die Schildkröten eventuell während der Winterruhe erlittene Flüssigkeitsverluste in Wasserlachen und Pfützen problemlos ausgleichen. Auch seichte Gewässerufer nutzen

Im Frühjahr und im Herbst sind die Schildkröten, abhängig vom Wetter, meist über den ganzen Tag aktiv, wobei Jungtiere deutlich länger ruhen als ausgewachsene Tiere und die Weibchen länger als die Männchen. In den heißen Sommermonaten sind die Tiere im Mittelmeerraum nur am Morgen und am späten Nachmittag unterwegs, während der Mittagshitze halten sie Siesta in ihren Unterständen. Bereits wenige Tage nach dem Erwachen aus der Winterruhe beginnen sie mit der Nahrungsaufnahme. Im Frühjahr blüht und grünt es im Mittelmeerraum mannigfaltig, nun ist die Auswahl an Futterpflanzen groß und der Tisch reich gedeckt. Die Männchen unternehmen oft schon nach wenigen Tagen erste Paarungsversuche. Im späten Frühjahr erreichen die Paarungsaktivitäten, ausgelöst durch die noch kühlen Nachttemperaturen, einen ersten Höhepunkt. Ende Mai nimmt die Häufigkeit und Stärke der Niederschläge in der Regel spürbar ab. Die Vegetation beginnt nun zusehends zu vertrocknen und bereits im Juni sind viele Pflanzen verdorrt. Die heißen Sommermonate über bis in den September hinein müssen sich die Schildkröten nun hauptsächlich mit trockenen, rohfaserreichen Pflanzenteilen und Heu begnügen. An diesen Wechsel der Umwelt-

bedingungen und des Nahrungsangebotes haben sich die mediterranen Landschildkröten über Jahrtausende hinweg angepasst, sowohl im Verhalten als auch durch körperbauliche Anpassungen, beispielsweise durch den Aufbau ihres Verdauungstraktes. Denn ihr Dickdarm, samt seiner Blinddarmaussackung, ist durch Verlängerung und Volumenerweiterung deutlich stärker gewichtet als der Dünndarm. Dies ermöglicht den Landschildkröten, unter Mithilfe der im Darm ansässigen Mikroorganismen, aus für viele Wirbeltiere nicht verwertbaren Pflanzenfasern und sogar aus Zellulose, Energie zu gewinnen. So weit so gut mögen viele Schildkrötenhalter nun denken.

Griechische Landschildkröten im natürlichen Lebensraum in Korfu. Im Spätsommer ist die Vegetation größtenteils verdorrt. Foto: K. Grießhammer

Nur wenn der Schildkrötenpfleger diese Anpassung nicht nur beiläufig zur Kenntnis nimmt, sondern bei der Auswahl der Futtersorten auch wirklich berücksichtigt, können Haltungs- und ernährungsbedingte Erkrankungen vermieden werden

Doch gerade diese Spezialisierung hat zur Folge, dass sich mediterrane Landschildkröten nicht einfach, d. h. ohne auf Dauer gesundheitliche Probleme zu bekommen, auf andere, z.B. fett-, kohlenhydrat- oder proteinreichere Ersatznahrung umstellen lassen - auch wenn sie von sich aus, als „Opportunisten", in freier Natur durchaus gelegentlich andere Futtersorten, als „Leckerbissen", etwa Brombeeren, Schnecken oder Würmer, geradezu mit Heißhunger fressen. Durch eine Fehlernährung bekommen die Tiere nicht nur Verdauungsprobleme oder werden übergewichtig, sondern die Darmflora kann aus dem Gleichgewicht geraten bzw. wird gar stark geschädigt - schädliche Keime und Parasiten im Darm können sich dann übermäßig stark vermehren und schließlich bei massivem Befall den Wirt ernsthaft schädigen.

Testudo hermanni hermanni im Juni in ihrem Biotop auf Mallorca.   Foto: U. Dost

In ihren natürlichen Lebensräumen setzen die Weibchen von April bis Juni ihre Gelege ab, in Deutschland wetterabhängig im Freigehege oft erst deutlich später. Im Habitat schwanken die Temperaturen in der Nisthöhle zwischen Tag und Nacht z.T. um 10-15°C. Die Inkubationszeit der Naturbruten ist im Vergleich zu den im Brutapparat bei sehr konstanten Temperaturen künstlich erbrüteten Gelegen deutlich verlängert (S. 81). Häufig verharren die frisch geschlüpften Schildkröten im Mittelmeerraum noch einige Tage in der Nesthöhle bis der erste Regen am Ende des Sommers den zusammengebackenen Boden aufweicht und ihnen das Vordringen an die Oberfläche ermöglicht. Die ersten Jahre entziehen sich Jungschildkröten der Sommerhitze, indem sie sich tief in die Vegetation zurückziehen und deutlich versteckter leben als die erwachsenen Schildkröten. Ende August Anfang September, wenn die Nächte wieder deutlich kühler werden, erreichen die Paarungsaktivitäten einen weiteren Höhepunkt. Nun fallen auch wieder kräftige Niederschläge, die Landschaft und die Vegetation erholen sich von der Sommerdürre.

Die Schildkröten finden jetzt noch einmal ein paar Wochen frisches Grün. Die Abnahme der Tageslänge sowie der Rückgang der Nachttemperaturen führen jedoch bald schon zu Veränderungen im Hormonhaushalt der Tiere. Bereits Ende September reduzieren sie die Nahrungsaufnahme und stellen sie, wenn die Nachttemperaturen über einen längeren Zeitraum unter 10°C fallen, schließlich ganz ein. An warmen Tagen genießen sie zwar noch die letzten Sonnenstrahlen, fressen jedoch nicht mehr. Ende Oktober Mitte November ziehen sie sich in frostfreie Winterquartiere zurück um dort bei Temperaturen unter 8°C in eine Winterstarre zu verfallen. Sollte es zu drastischen Wärmeeinbrüchen im Winter kommen, unterbrechen die Schildkröten der Küstenregionen z. T. kurzzeitig ihre Winterruhe (OBST 1984).

Pflege

Einzel- oder Gruppenhaltung?

VINKE & VINKE (2005) geben an, dass speziell in für den Einsteiger gedachter Literatur Schildkröten immer wieder als Einzelgänger angesprochen werden, obwohl in freier Natur oft Schildkröten unerklärlicherweise in größeren Häufungen, wenn z. T. auch mit gewissem Individualabstand, angetroffen werden. Außerdem müssen Pfleger von Einzeltieren immer wieder feststellen, dass ihre anfangs agilen Pfleglinge nach einiger Zeit deutlich ruhiger bzw. teilweise gar phlegmatisch werden.

Eine kleine Gruppe Griechischer Landschildkröten im Freilandterrarium.   Foto: U. Dost

WEGEHAUPT (2003) nennt als ein Argument für die Gruppenhaltung ein scheinbar altersschwaches 70-jähriges *T. h. boettgeri*-Männchen, das, nach dem es wieder in Gesellschaft gehalten wurde, zu neuem Leben erwachte. VINKE & VINKE (2005) führen noch weitere Argumente gegen die Einzelhaltung, z.B. Hyperaktivität und Aggressivität bei Männchen, Passivität und Nahrungsverweigerung bei Weibchen an. Die Einzelhaltung kann sogar zu einer fehlenden Sexualprägung führen.

Inzwischen hat sich daher die Haltung von Landschildkröten in Kleingruppen oder als Paar gegenüber der Einzelhaltung durchgesetzt. Dennoch kann eine kurzzeitige Einzelhaltung nötig werden, etwa bei Weibchenmangel, falls „heißblütige" Männchen" die Weibchen unablässig bedrängen und diese durch die „Liebesbisse" und Paarungsaktivitäten der Männchen bereits Verletzungen davon getragen haben.

Damit die Weibchen nicht zu sehr unter der Paarungsaktivität der Männchen leiden, wird empfohlen, ein Männchen mit mehreren Weibchen (3-5) zu vergesellschaften. Dies ist jedoch leichter gesagt als getan. Denn einerseits wurden früher durch Unkenntnis der temperaturabhängigen Geschlechtsfixierung (s. S. 82) die Gelege meist bei relativ niedrigen Temperaturen inkubiert und so vor allem Männchen gezeitigt. Außerdem sind größere Weibchen rar, da Schildkrötenpfleger nicht gerne eierlegende, zuchtreife Weibchen abgeben. Falls doch, ist der Preis dann entsprechend hoch.

Bei der Gruppenhaltung können, falls genügend Raum zur Verfügung steht, durchaus mehrere Männchen miteinander vergesellschaftet werden, auch wenn sie gelegentliche Rangkämpfe ausfechten. Während viele Pfleger Männchen und Weibchen dauerhaft vergesellschaften, so auch ich, führen VINKE & VINKE (2004) eine grundsätzliche Geschlechtertrennung durch.

Temperaturbedürfnisse der Griechischen Landschildkröte

Jede Reptilienart besitzt einen artspezifischen Temperaturbereich innerhalb dessen Grenzen sie Lebensäußerungen zeigt und aktiv ist. Der "Aktivitätsbereich" liegt bei *T. hermanni* etwa zwischen 12 und 37°C. Bereits bei Temperaturen über 8°C beginnen die Schildkröten sich zu bewegen, ab 10-15°C kommen sie an die Oberfläche der Überwinterungsbehälter. Bei Zimmertemperatur (18-20°C) bewegen sie sich bereits recht rege. Die Nahrungsaufnahme beginnt ab etwa 23-25°C. Die Verdauung läuft unter 15°C sehr langsam. Ihre Vorzugstemperatur liegt bei ca. 35°C (BAUER 1999) bis 37°C (BAUER & HOFFMANN 2006, Agrobs-Informationsbroschüre), womit die Körpertemperatur und nicht die Umgebungstemperatur gemeint ist!

Erst mit dem Erreichen des Temperaturoptimums laufen fast alle wichtigen Stoffwechselvorgänge, z.B. die Verdauung, die Atmung und die Nahrungsaufnahme störungsfrei ab und die Tiere zeigen ihr komplettes Verhaltensrepertoire (etwa Balz und Revierverhalten). Um ihre Vorzugstemperatur einzustellen pendeln wechselwarme Tiere ständig zwischen Sonnen- und Schattenplätzen hin und her. Haben sie ihre Vorzugstemperatur erreicht, werden sie aktiv, beispielsweise gehen sie auf Nahrungssuche. Bei kühlen Außentemperaturen sonnen sie sich lange und ausgiebig. Im Hochsommer, bei brütender Mittagshitze suchen jedoch auch viele Reptilien schattige Plätze auf.

Übersteigt die Lufttemperatur die Körpertemperatur, etwa ab 35-36°C, versuchen mediterrane Landschildkröten, nicht anders als der Mensch, sich der Hitze zu entziehen, etwa indem sie schattige Verstecke aufsuchen oder sich an feuchten Stellen eingraben. Als Grundtemperatur genügen im Terrarium daher Lufttemperaturen von 22-30°C.

Bei Temperaturen unter 8°C verharren die Schildkröten nahezu regungslos in der Winterstarre, ideal im Überwinterungsraum sind 4°-6°C. Der Stoffwechsel läuft dann auf Sparflamme, z. B. schlägt das Herz nur etwa 4 x pro Minute. Die Tiere können, vorausgesetzt das Substrat ist nicht zu trocken, mehrere Monate ohne nennenswerten Gewichtsverlust ausharren. Bereits ab 8°C beginnt der Fettabbau in der Leber (BAUER 1999) zur Energiegewinnung, allerdings nur unvollständig. Deshalb kann es bei zu hohen Überwinterungstemperaturen durch anfallende Stoffwechselprodukte zu Todesfällen kommen.

ROGNER (2005) nennt als eben noch tolerierte Grenztemperaturen -2 und 44°C, wobei gerade die -2°C nur für Tiere der Ostrasse gelten dürften (vgl. S. 25)! Exemplare der Westrasse oder von Populationen der Küstenregionen vertragen Minustemperaturen nur sehr

Griechische Landschildkröten benötigen sehr warme Sonnenplätze.   Foto: U. Dost

Auch Schattenplätze werden benötigt.
Foto: U. Dost

schlecht bis überhaupt nicht. Werden Land-schildkröten permanent zu kühl gehalten, etwa ohne lokalen Wärmespot bei Zimmer-temperatur in der Wohnung, führt dies früher oder später zu gesundheitlichen Problemen. Da Schildkröten recht zäh und von ihren Lebensräumen her gewohnt sind, längere Perioden mit ungünstigen Klimaverhältnissen durchzustehen, treten Haltungs- und ernäh-rungsbedingte Probleme bzw. Erkrankungen oft erst nach Wochen oder gar Monaten offen-kundig zu Tage. Häufig sind die Schildkrötenpfleger dann jedoch nicht in der Lage, diese Erkrankungen als Folge der unzu-reichenden Haltung zu erkennen.

> Um jegliches Risiko für die Gesundheit der Landschildkröten bei der Pflege in menschlicher Obhut ausschließen zu können, sind den Tieren stets Zonen unterschiedlicher Temperaturen, d. h. lokale Sonnenplätze sowie feuchte, dunkle Verstecke anzubieten. Dann können sie jeder-zeit selbstständig die Bereiche mit den ihnen zusagenden Temperaturen und Feuchtig-keitswerten aufsuchen.

Im Internet fand ich eine besonders bemer-kenswerte Notiz von PITZER (2002). Er berich-tet von zwei bei -12°C am Boden festgefro-renen *T. h. boettgeri*. Diese überlebten eine 10-tägige Frostperiode mit Nachttemperaturen von -7 bis -12°C, auch tagsüber lagen die Temperaturen unter 0°C, scheinbar ohne Folgeschäden. Dies ist kein Einzelfall, auch andere Schildkrötenhalter haben von an- bzw. durchgefrorenen Tieren der Ostrasse berich-tet, gerade die Exemplare der tief im Balkaninneren vorkommenden Populationen der Ostrasse gelten ja allgemein als sehr kälte-resistent. Dennoch, ob Glücksfall oder ob eine allgemeine Frostresistenz für Tiere der Ostrasse aus dem Balkaninneren vorliegt, unter +4°C sollte die Temperatur während der Winterstarre im Kühlschrank nicht eingestellt werden, damit eventuell auftretende geringfü-gige Temperaturschwankungen nicht zu Verlusten führen. Exemplare der Westrasse oder von Populationen der Küstenregionen vertragen Minustemperaturen nur sehr schlecht bis überhaupt nicht.

Das Freilandgehege

Besteht die Möglichkeit Landschildkröten im Freiland zu halten, ist dies der Terrarienhaltung im Haus stets vorzuziehen. Entsprechend den lokalen Gegebenheiten, nicht nur innerhalb Mitteleuropas sondern selbst innerhalb Deutschlands, unterscheidet sich das Klima einzelner Standorte deutlich, weshalb unterschiedliche Hilfsmittel einzusetzen sind, um den Schildkröten mediterrane Klimabedingungen zu schaffen.

Standort und Umfriedung

Die Freilandanlage ist in sonniger Lage, bevorzugt an der Südseite von Häusern und Grundstücken, zu errichten. Ferner ist das Freigehege mit einer ausbruchssicheren Umfriedung einzufassen, denn Schildkröten sind wahre Ausbruchskünstler. Schildkröten klettern sehr gut und sind schneller als man ihnen gemeinhin zutraut. Besonders die Ecken von rechtwinkligen Anlagen bieten ihnen oft die Möglichkeit hochzuklettern. Runde, unregelmäßig geschwungene Gehegeformen bieten den Tieren keine Klettermöglichkeit, abgesehen davon dass sie optisch schöner wirken. Ferner kann der Bereich der Umfriedung oder gar das gesamte Gehege in den Boden eingelassen werden. Diese Variante wird Zoograben genannt und hat den Vorteil, dass dem Betrachter die Gehegebegrenzung nicht störend ins Auge fällt. Wichtig beim Zoograben ist, auf eine leistungsstarke Drainage zu achten, damit während eines heftigen Platzregens nicht der Graben bzw. gar das ganze Gehege voll Wasser läuft.

Zur Erstellung der Umfriedung eignen sich je nach Fantasie und Geldbeutel des Schildkrötenpflegers die unterschiedlichsten Mate-

Schön gestaltete großzügige Freilandanlage. Im Hintergrund ist der sonnige Eiablagehügel erkennbar.

Steinmauern speichern die Wärme. Hier halten
sich die Tiere gerne auf.   Foto: U. Dost

Wichtig ist bei der Erstellung der Umfriedung,
die zur Abgrenzung eingesetzten Materialien
wenigstens 20-30 cm tief in den Boden einzu-
lassen, damit sich die Tiere nicht einfach darunter durchgraben können. Leicht verrottende
Materialien, etwa Holzstämme oder –platten,
faulen bei Kontakt zu feuchter Erde schnell.
Sie sollten deshalb in einige Zentimeter Sand
oder Kies einbettet werden damit sie schnell
abtrocknen können.

rialien, wobei natürliche Werkstoffe, etwa
Holzstämme oder Natursteine sich optisch
schöner in einen Garten einbinden lassen, als
Gehwegplatten aus Waschbeton, Ziegelsteine,
Holzpfähle bzw. div. Holzpalisaden, Bretter,
Schaltafeln, Kunststoffplatten oder Bleche um
nur einige zu nennen.

Umfriedung aus Holzpfählen.   Foto: U. Dost

Neu angelegte schöne Freilandanlage mit Steinumfriedung.

Gehege für Jungtiere.   Foto: U. Dost

Ein Gewächshaus eignet sich hervorragend als
Schutzhaus vor dem teilweise feuchtkalten Wetter
in Deutschland.   Foto: U. Dost

Die Schildkrötenanlagen, vor allem die
Gehege der Jungtiere, sind vor den Zugriff
von Räubern, z. B. Vögeln, Füchsen, Mardern,
Hunden oder Katzen durch Abdeckung mit
Zäunen, Gittern oder Netzen abzusichern.
Zum Schutz vor zweibeinigen Räubern
– Schildkröten, vor allem die Zuchtweibchen,
besitzen nicht nur einen ideellen Wert – sind
offene, zur Straße hin exponierte Lagen nicht
als Standort eines Freigeheges geeignet.

Das Schutzhaus

Da in Mitteleuropa im Sommer immer wieder
Tiefdruckgebiete für tage-, wenn nicht gar
wochenlanges, „nasses" Schmuddelwetter mit
Dauerregen sowie deutlichen Abkühlungen
sorgen und die Sonne weniger Stunden scheint
als im Mittelmeerraum (vgl. Klima S. 16/17),
ist den Tieren im Freilandgehege stets ein trok-
kener, geschützter Rückzugsraum bereitzustel-
len. Dies lässt sich beispielsweise durch das
Aufstellen eines Frühbeetes, eines Gewächs-
hauses oder durch eine teilweise Überdachung
der Anlage bewerkstelligen.

Wird das Dach bzw. gar der komplette
Rückzugsraum größtenteils aus lichtdurchläs-
sigen Materialien, etwa Acrylglas, Plexiglas,
Makrolon oder Glas, gefertigt, entstehen deut-
lich geringere Stromkosten für Heizung und
Beleuchtung der Anlage. Die Seitenwände des
Schutzhauses können dagegen durchaus auch
aus anderen Materialien, etwa Holz, Steinen
oder Kunststoffplatten, errichtet werden.
Innerhalb der Schutzhütte wird Buchenlaub
oder lockere Lauberde eingebracht und mit
Stroh abgedeckt.

> Das Schutzhaus darf im Hochsommer niemals
> überhitzen, daher ist auf ausreichend große
> Lüftungsflächen, die mit automatischen Fenster-
> hebern zu versehen sind, zu achten.

Für die Übergangszeit sind wärmeabgebende Strahler nötig.

Gute Idee! Passierbarer Eingang ins Schildkröten-haus. Foto: U. Dost

Wird der Rückzugsraum gut isoliert (etwa mit Hartschaumplatten) und ein Wärmestrahler sowie eine mit Frostwächter betriebene Heizung eingebaut, können die Tiere auch in den Übergangszeiten, im Frühjahr und im Herbst sogar bis zur Winterruhe, im Freiland gehalten werden. FI-Schutzschalter (Fehlstromschutzschalter) helfen Unfällen vorzubeugen. Elektrische Arbeiten sollten immer mit einem Elektrofachmann zusammen geplant und auch von diesem ausgeführt werden.

Überwinterung im Freien?

Selbst die Überwinterung der Schildkröten kann im Freiland erfolgen, vorausgesetzt der Boden unter dem Schutzhaus wird mindestens einen Meter tief ausgehoben. Durch stabile Seitenwände sowie einen festen Bodenabschluss, etwa eine zementierte Bodenplatte bzw. wenigstens ein engmaschiges Gitter als Abschluss ist das Winterquartier gegen das Eindringen von Nagern abzusichern. Schließlich wird das Schutzhaus mit lockerem Material, etwa Erd-Sandmischungen und Buchenlaub, aufgefüllt.

Eine kontrollierte Überwinterung im Haus im Gewölbekeller oder im Kühlschrank ist jedoch sicherer und die Kontrolle der Tiere während der Winterruhe ist dort ohne großen Aufwand wesentlich einfacher durchzuführen.

Bodengrund und Einrichtung

Die Böden in Mitteleuropa sind meist weniger wasserdurchlässig als in den Lebensräumen der Landschildkröten. Im Freigehege ist daher stets für einen zügigen Abfluss von Regenwasser zu sorgen. Beispielsweise indem der fette Mutterboden mit reichlich Sand vermischt und aufgelockert wird bzw. an tiefer liegenden Stellen Kiesschüttungen ausgebracht oder mit Kies gefüllte Sickergruben in den Boden eingelassen werden.

Um das Gehege naturnah zu gestalten und Zonen unterschiedlicher Kleinklimate zu erzeugen, wird der Rasen größtenteils entfernt und der offene Boden dann mit Schüttungen von Kies, Sand oder größeren Steinen abwechslungsreich und entsprechend den Gegebenheiten in den Schildkrötenbiotopen (s. S. 18, 22) nachgestaltet. Wurzelstubben, Rinden-

Gut strukturierte Freianlage mit kleinem Schutzhaus.

Der Eiablagehügel sollte an einer sonnigen Stelle angelegt werden.

Fotos: U. Dost

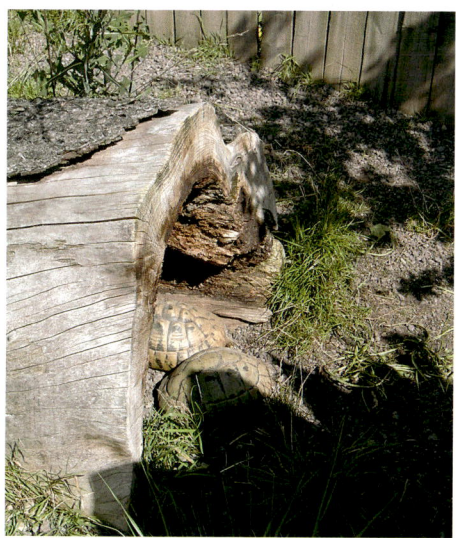

Mehrere Verstecke und Strukturelemente sind von Vorteil.   Foto: U. Dost

Eiablagehügel mit grabfähigem Substrat.
Foto: U. Dost

stücke, hohle Bäumstämme, größere Steine bzw. Felsbrocken, niedrige Büsche, Lavendel, Oregano, Funkien (*Hosta spp.*) oder horstbildende Staudengräser bieten einerseits den Tieren schattige Versteckplätze und dienen ihnen andererseits als Sichtschutz vor ihren Artgenossen.

Schließlich darf ein sonnenexponierter Eiablagehügel mit lockerem Boden nicht fehlen, wobei dennoch immer wieder Weibchen ihre Gelege auch an anderen Stellen im Gehege "verstecken".

Den Tieren muss immer frisches Wasser zur Verfügung stehen, hierzu eigenen sich etwa flache Wasserschalen oder Untersetzer für Blumentöpfe. Die Wasserschalen sind täglich zu reinigen und mit frischem Trinkwasser zu

füllen. Da Landschildkröten nicht schwimmen können, dürfen selbstredend keine Gartenteiche mit Steilufern im Gehege angelegt werden. Im Bereich des Geheges sollten keine Obstbäume stehen und sämtliche giftigen Gartenpflanzen, z.B. Eiben, Gold- oder Blauregen, sind selbstredend zu entfernen.

Eine Wasserschale und eine Futterschale vervollständigen die Einrichtung.   Foto: U. Dost

Das Terrarium

Generell muss jedem Schildkrötenpfleger ans Herz gelegt werden, seine Tiere wenigstens bei Sonnenschein, etwa Mai bis September, im Freigehege zu pflegen. Dort kann ihnen in der Regel mehr Raum angeboten werden und der „Sommerurlaub", die Temperaturschwankungen und vor allem die natürliche Helligkeit sowie das UV-Licht, fördern die Vitalität der Tiere. Für die Übergangszeit oder bei Schlechtwetterperioden bzw. für erkrankte Tiere ist es von Vorteil, ein geeignetes Terrarium im Haus zu haben.

Größe des Schildkrötenterrariums

Allgemein gilt, je größer die Grundfläche eines Terrariums (gilt natürlich auch für Freilandanlagen), desto besser für die Pfleglinge. Zum einen lassen sich in großflächigen Behältern einfacher Zonen unterschiedlicher Klimawerte schaffen und andererseits kann die Einrichtung abwechslungsreicher gestaltet werden. Ganz abgesehen davon, dass die Pfleglinge sich mehr ausleben können und Bewegung ihnen gut tut. Ferner können sich Weibchen z. B. während der Paarungszeit in reich untergegliederten Anlagen besser den aufdringlichen Männchen entziehen.

Entsprechend dem Gutachten über Mindestanforderungen an die Haltung von Reptilien vom Bundesministerium für Ernährung, Landwirtschaft und Forsten (1997) gilt als Mindestmaß für ein Paar *Testudo hermanni* eine Grundfläche von 8 x 4 bezüglich des Stockmaßes der Schildkröten. Für zwei weitere Schildkröten ist die Grundfläche um 10% zu vergrößern, ab dem 5.ten Tier jeweils um 20% je weiterer Schildkröte. Die Angaben vom Bundesamt sind Empfehlungen, aber niemand beschwert sich, wenn den Tieren mehr Raum zur Verfügung gestellt wird. Für Jungtiere in den ersten 3-4 Jahren, selbstredend nicht abhängig vom Alter sondern allein vom Größenzuwachs der Tiere, eignen sich unter anderem die im Fachhandel erhältlichen Vollglasterrarien. Bei Schildkröten und anderen Bodenbewohnenden Reptilien spielt die Terrarienhöhe eine untergeordnete Rolle, die Fläche ist maßgebend. Gemäß dem Gutachten über die Mindestanforderungen an die Haltung von Reptilien (s.o.) beträgt die erforderliche Terrariengröße für zwei 5 cm messende einjährige Landschildkröten, wenn auch meiner Meinung nach viel zu gering bemessen, 40 x 20 cm, für zwei 3-4 Jahre alte 10 cm messende Tiere 80 x 40 cm. Für die Haltung eines ausgewachsenen Paares von z. B. *Testudo h. boettgeri*, sind für ein 25 cm messendes Weibchen samt etwas kleinerem Männchen nun schon mindesten 2 Quadratmeter nötig. Hier empfiehlt sich nun der Eigenbau eines Schildkrötengeheges im Garten oder wenigstens eines offenen Großterrariums mit entsprechender Technik im Wintergarten, in einem Zimmer oder Kellerraum.

Art und Bauweise des Terrariums

Handelsübliche Terrarien und Aquarien mögen für Jungschildkröten durchaus noch ausreichend Platz bieten, mit zunehmendem Alter und dementsprechendem Größenzuwachs der Tiere stoßen sie jedoch schnell an ihre Grenzen. Auch hier gilt, je mehr Platz den Tieren zur Verfügung steht desto besser. Denn ausreichend Bewegung ist auch für Schildkröten wichtig um gesund zu bleiben, z. B. regt Bewegung die Verdauung an.

Dennoch halten auch viele Schildkrötenpfleger mit weitläufigen Freilandanlagen hin und wieder Schildkröten, etwa frisch geschlüpfte Jungtiere, kränkelnde Exemplare, oder Tiere in der Übergangszeit im Frühjahr oder während der Vorbereitung auf die Winterruhe, einige Zeit im Terrarium. Beim Blick in die Literatur und ins Internet erstaunte mich, wie kategorisch einige Schildkrötenhalter die Terrarienhaltung ablehnen.

Zuerst einmal bleibt festzuhalten, dass der Begriff Terrarium mehr beinhaltet als die Standardglasbehälter, die im Handel angeboten werden. Beispielsweise können in hellen Räumen, etwa unter großen Dachfenstern (s. S. 35) oder in Wintergärten großflächige, offene Schildkrötenterrarien errichtet werden.

Einige Schildkrötenhalter raten von den handelsüblichen, geschlossenen Vollglaserrarien grundsätzlich ab. Begründet wird dies meist mit der Überhitzungsgefahr oder der ungenügenden **Belüftung**. Zweifelsohne besteht in geschlossenen Behältern, die einer intensiven Sonnenbestrahlung ausgesetzt oder mit wattstarken Leuchtmitteln ausgestattet sind, eine Überhitzungsgefahr, im Terrarium trotz Lüftungsgitter ebenso wie im Frühbeet oder Gewächshaus ohne automatische Belüftungsvorrichtung. Allerdings lassen sich durch wenige Handgriffe sowie eine dem Terrarienvolumen angemessene technische Ausstattung auch handelsübliche Glasterrarien zur Schildkrötenpflege umrüsten und nutzen. Zudem können speziell auf Landschildkröten zugeschnittene Terrarien selbst gebaut bzw. in gut sortierten Fachgeschäften bestellt werden. Geschlossene Terrarien eignen

sich für kühle Wohnungen oder falls der Raum in dem das Terrarium aufgestellt wurde nicht durch die Wärmequelle des Terrariums „mitgeheizt" (Heizen mit Strom ist unwirtschaftlich) werden soll. Mit entsprechender Wärmedämmung, z. B. mit Kork, Styrodur oder Styropor verkleideten Außenscheiben, versehen, verursacht ein geschlossenes Terrarium wesentlich geringere Energiekosten als ein offener Behälter.

Die häufig bemängelte Transparenz der Scheiben von Glasbehältern, an denen die Tiere auf und ab laufen weil sie sie als Begrenzung nicht wahrnehmen, lässt sich mit einfachen Mitteln nachbessern. Beim Einsatz durchsichtiger Materialien kann, abhängig von der Schildkrötengröße, bis etwa 5 -20 cm Höhe über dem Boden deren Außenseite mit Farbe bestrichen oder mit nicht transparenter Folien beklebt werden. Beim Einsatz handelsüblicher Terrarien kann in warmen Räumen, etwa Dachzimmern, z.T. auch auf die Schiebescheiben verzichtet werden um einen Hitzestau auszuschließen. Damit die Schildkröten dann nicht aussteigen können, lässt sich das offene Terrarium mit einem der Größe der Tiere angemessenen Brettchen oder anderen

Beispiel für ein oben offenes Zimmerterrarium (hier für die Haltung von Pantherschildkröten).

Foto: S. Hornung

undurchsichtigen Materialien gegebenenfalls ausbruchssicher machen.

Häufig werden von Schildkrötenpflegern dagegen offene Aquarien aufgrund des großflächigen Luftaustausches empfohlen, wobei die Lüftungsflächen von Terrarien bei angemessenem Einsatz und Aufstellort des Behälters (natürlich nicht vorm Südfenster!) durchaus eine ausreichende Belüftung ermöglichen. Die handelsüblichen Aquarien sind zwar im Preis günstiger als Terrarien, jedoch in der Regel mehr auf die Höhe anstatt auf die Grundfläche hin ausgerichtet. Besser geeignet sind niedrige Sondermaßbecken, entsprechend der Schildkrötengröße nur ca. 20- 50 cm hoch (dabei die Füllhöhe des Bodengrundes nicht vergessen), dafür aber mit großer Grundfläche. Diese können einfach aus Glas oder Kunststoffen selbst zusammengebaut oder im gut sortieren Fachhandel bestellt werden. Holz kann als Baumaterial ebenfalls eingesetzt werden, ist dann aber mittels lebensmittelechten Lacke, Kunstharzüberzug oder Einlegens von Teichfolie im Bereich des Bodengrundes vor Feuchtigkeitseinwirkung (wegen Schimmelbildung) zu schützen.

Zur Haltung ausgewachsener Schildkröten oder größerer Gruppen eignen sich neben großzügigen Freigehegen nur sog. Zimmerterrarien. Durch Errichten von niedrigen Begrenzungsmauern oder Umfriedungen mit darin eingelassenen Sichtscheiben können offene Behälter erstellt werden, etwa in separaten Schildkrötenzimmern oder im Wintergarten

Im "Reptilium" in Landau kann man sich zahlreiche Ideen für den Bau eines Großraumterrariums holen.   Foto: U. Dost

Standort des Terrariums

Landschildkröten sind tagaktiv, bei permanent zu dunkler Haltung werden sie inaktiv, fressen kaum noch und verkümmern. Daher empfiehlt es sich, das Schildkrötenbecken in einem hellen Raum, durchaus auch in Fensternähe, aufzustellen, wobei jedoch stets beachtet werden muss, dass keine Überhitzung durch direkte Sonneneinstrahlung erfolgen kann! Beispielsweise können sich im besonnten Wintergarten oder in Südfensternähe geschlossene Behälter, etwa Aquarien mit Abdeckung oder Glasterrarien, innerhalb kürzester Zeit bei Sonnenschein für die Pfleglinge lebensbedrohlich stark aufheizen.

Bei direkter Sonneneinstrahlung sind flache, offene Behälter oder Gehege die bessere Wahl, wobei auch dort den Pfleglingen stets kühlere, schattige Rückzugsmöglichkeiten offen stehen müssen. Ferner ist der Lauf der Sonne bei der Standortauswahl zu bedenken. Ein im Winter scheinbar gut gewählter Standort ohne Sonneneinstrahlung kann sich im Frühjahr schnell als Fehlplanung erweisen, da die Sonne nun höher steht, über Hindernisse hinweg scheint oder wesentlich länger sowie vor allem mit mehr Energie einstrahlt. In kühlen Wohnungen, etwa auf der Nordseite von Häusern, d.h. ohne jegliche Überhitzungsgefahr durch Sonneneinstrahlung, können Aquarien oder Terrarien sogar bewusst in

Fensternähe oder auch direkt vor dem Fenster platziert werden. So kann die natürliche Helligkeit ausgenutzt und Energie eingespart werden. Im Hochsommer ist bei Raumtemperaturen von 35°C oder mehr der Wärmespot auszuschalten.

Nach SAUER (1989) beträgt die Beleuchtungsstärke in Fensternähe bis 3000 Lux, direkt vor großen Fenstern, etwa unter einem Dachfenster oder im Wintergarten werden je nach geografischer Ausrichtung des Gebäudes und Abschattung nahezu natürliche Außenhelligkeitswerte erreicht. Werden die Schildkröten vom Außenlicht beeinflusst, reagieren sie instinktiv auf die natürliche Tageslänge. Beispielsweise lassen sie sich nicht von der meist zu schwachen künstlichen Beleuchtung täuschen und gehen schlafen wenn die Sonne untergeht und, was dem Pfleger sehr entgegenkommt, wie in der Natur erfolgt die von der abnehmenden Tageslänge ausgelöste hormonelle Umstellung auf die Winterruhe im Herbst quasi von selbst.

Zwar sind Schildkrötenbehälter deutlich leichter als mit Wasser gefüllte Aquarien, dennoch ist die Tragfähigkeit des Bodens am Standort zu beachten.

Während der kühleren Monate bringt ein Terrarium unter einem Dachfenster viele Vorteile. Dieses Terrarium wurde für Echsen gebaut, wäre aber anders eingerichtet auch für Landschildkröten geeignet. Foto: T. Ackermann

Bei der Auswahl des Schildkrötenbehälters sowie seines Standortes ist darauf zu achten, dass selbst bei direkter Sonneneinstrahlung niemals eine Überhitzung auftreten kann.

Heizquellen und Beleuchtung

Lokale Wärmeplätze

In der Natur liefert die Sonne direkt oder indirekt die Wärme für wechselwarme Tiere. Tagaktive Reptilien - auch Landschildkröten – reagieren daher instinktiv auf Licht bei der Suche nach einem Platz zum Aufwärmen, weshalb im Schildkrötenterrarium nur Lichtabgebende Wärmespots zur Schaffung lokaler Wärmeinseln eingesetzt werden sollten. Generell dürfen Wärmequellen nicht mittig ins Becken eingebaut bzw. das Terrarium nicht mit mehreren Strahlern über seine ganze Fläche hinweg gleichmäßig erwärmt werden. Durch den dezentralen Einbau der Wärmequelle lässt sich ein dem Pflegling entgegenkommendes Temperaturgefälle und damit Hand in Hand gehend auch ein Feuchtigkeitsgefälle (vorausgesetzt es wird regelmäßig gesprüht bzw. gewässert) im Terrarium erzeugen.

Die im Terrarium eingebaute Technik ist dabei stets dem Volumen des Beckens anzupassen, damit ein Ausfall der Regeltechnik (z. B. der Zeitschaltuhr) nicht innerhalb kürzester Zeit zu irreparablen Hitzeschäden bei seinen Bewohnern führt. Also nicht überdimensionierte Wärmespots einbauen und diese dann mittels Thermostat regeln, d.h. ständig ein- und auszuschalten, sondern lokale! Wärmeplätze mittels aufs Terrarienvolumen abgestimmten Wattstärken erzeugen. Selbst nach 24 Stunden Betrieb der Beleuchtung und des Wärmespots dürfen die Temperaturen im Terrarium keine lebensbedrohenden Werte erreichen.

Ein Spotstrahler ist neben der Beleuchtung im Terrarium unbedingt notwendig. Foto: S. Hornung

Terrarium im Tagesverlauf durch die Abwärme des Spots und der Beleuchtung auf etwa 30°C aufheizt, genügt dies vollauf. Etwas niedrigere Terrarientemperaturen im Frühjahr und im Herbst sind kein Grund zur Sorge, auch im Lebensraum der Schildkröten gibt es saisonale Unterschiede der Lufttemperatur.

Spotstrahler: In Terrarien für erwachsene Schildkröten darf die Temperatur direkt unter dem Wärmespot ca. 45-50°C erreichen. Jungschildkröten leben deutlich versteckter als ihre Eltern, sie halten sich die ersten Jahre bevorzugt im dichten Unterwuchs der Vegetation auf, weshalb im Aufzuchtterrarium 40-45°C unter dem Spot genügen.

Zur Schaffung lokaler Sonnenplätze eignen sich besonders Leuchtmittel in Strahler- bzw. Pilzform, die außer Wärme auch helles Licht abgeben. Rotlicht- oder Dunkelstrahler (Keramikstrahler die nur Wärme und kein Licht abgeben) werden, falls überhaupt, lediglich notfalls von den Schildkröten angenommen. Keramikstrahler eignen sich höchstens zur Unterstützung von lichtabgebenden Wärmespots im Terrarium, jedoch nicht als alleinige Wärmequelle. Dagegen sind sie zur nächtlichen Beheizung der Schutzhütten im Außengehege, etwa wenn nachts bestimmte Temperaturen nicht unterschritten werden sollen, sehr gut geeignet. Der Handel bietet inzwischen eine große Auswahl an Spotstrahlern an, die je nach Hersteller und Modell mehr oder weniger stark das Licht bündeln. Wie oben bereits angeführt, sind Griechische Landschildkröten bei 20°C bereits aktiv und ihre Vorzugskörpertemperatur liegt bei etwa 35-37°C. Die Zimmertemperatur (18-22°C) stellt einen guten Grundwert der Temperatur dar und falls sich die Luft im

Der Abstand des Strahlers zum Boden wird mittels Thermometer eingestellt, d.h. der Abstand wird solange verändert bis das auf dem Boden aufliegende Thermometer die oben genannten Temperaturen anzeigt. Alternativ kann auch über die Wattzahl des Spots die Temperatur geregelt werden.

Wichtig ist, stets nur punktuell hohe Temperaturen anzubieten sowie dafür zu sorgen, dass den Tieren jederzeit auch kühlere, feuchtere Stellen als Rückzugsmöglichkeit offen stehen. Die in der Literatur von Autor zu Autor oft abweichenden Temperaturangaben für den Wert direkt unter dem Spot und die Terrarientemperaturen müssen Neulinge unter den Schildkrötenpflegern nicht verwirren. Im Süden erreichen im Hochsommer bei Sonnenschein die Bodentemperaturen stellenweise Werte von über 50°C. Bieten wir den Schildkröten mittels lichtstarker Wärmestrahler im Terrarium Stellen unterschiedlicher Temperatur an, können sie instinktiv darauf reagieren und bei Bedarf jederzeit selbst die Stelle mit der ihnen augenblicklich zusagenden Temperatur in mehr oder weniger großem Abstand zum Spotstrahler aufsuchen. Bei relativ hohen lokalen Temperaturen verweilen sie meist nur kurz direkt unter dem Wärmespot bzw. suchen eher den Randbereich der bestrahlten Fläche auf. Haben sie ihre Vorzugstemperatur erreicht, je nach Abstand und Wattzahl des Strahlers mehr oder weniger schnell, beenden sie ihr Sonnenbad und verlassen den Sonnenplatz.

> Wird den Tieren jedoch stets eine unzureichende Temperatur, etwa nur 25°C Raumtemperatur ohne lokalen Wärmespot angeboten, können sie nie ihre Vorzugstemperatur erreichen. Sie mögen zwar aktiv sein, fressen und auch die Nahrung langsam verdauen, über die Jahre hinweg kommt es aufgrund der suboptimalen Haltung jedoch unweigerlich zu gesundheitlichen Problemen.

Der Einsatz von Bodenheizungen, Heizmatten oder Heizkabel, wird je nach Autor unterschiedlich bewertet. **Sicherlich ist ihr Einsatz überflüssig in Wohnräumen mit normaler Zimmertemperatur von 20-22°C.** Richtig eingesetzt können sie jedoch durchaus zum Einsatz kommen, etwa um den Wärmespot zu unterstützen und so die Energiekosten zu senken oder um in kühlen Räumen, etwa im Keller, oder in großen Zimmerterrarien für eine angenehme Grundtemperatur zu sorgen. Richtig eingesetzt bedeutet: unter festem Untergrund eine dem Terrarienvolumen angepasste, milde, wattschwache! Bodenheizung einzusetzen; auf mehr als 30°C müssen sie den Boden nicht erwärmen. Die Bodenheizung ist lediglich zur Unterstützung des Wärmespots in dessen Umgebung, niemals flächendeckend oder dem Wärmespot gegenüberliegend und schon gar nicht als alleinige, lokale Wärmequelle einzusetzen. Inzwischen gibt es Heizmatten mit eingebautem Überhitzungsschutz, d.h. diese Heizmatten schalten sich etwa ab 45°C aus, was die Brand- und Glasbruchgefahr deutlich verringert. Emp-

fehlenswert ist ferner, die Bodenheizung stets mit einer festen Abdeckung, etwa flachen Steinen, einer 1-2 Zentimeter dicken Schicht aus fest aushärtendem lehmigem Sand, Ton aus dem Bastelbedarf, Gips oder Fließestrich zu bedecken. Dies schützt die Heizung, vor allem Heizkabel, vor mechanischer Beschädigung. Ferner wird die Wärme gleichmäßiger verteilt und die Tiere können sich im Bereich der Heizung nicht eingraben, sich also der Heizquelle nicht zu sehr nähern und daher keine Verbrennungen zuziehen. Große Zimmerterrarien können auch über eine Fußbodenheizung (nur einen Teil der Fläche beheizen!), die an die Zentralheizung angeschlossen und mittels Thermostat geregelt wird, mild erwärmt werden.

Landschildkröten, vor allem Jungtiere, verbringen viel Zeit in ihren Verstecken um dort Siesta zu halten. Der Wärmespot im Schildkrötenbecken darf daher im Sommer, etwa über die Mittagszeit durchaus auch einmal 2-3 Stunden ausgeschaltet werden. In den Lebensräumen der Schildkröten scheint ferner nicht jeden Tag 14 Stunden lang die Sonne bei Lufttemperaturen über 30°C, auch dort gibt es Regen und Schlechtwetterperioden. Empfehlenswert ist daher auch im Terrarium das regelmäßige Einstreuen von 1-2 „Schlechtwettertagen" pro Woche, d.h. Tage an denen der Wärmestrahler nur wenige Stunden betrieben wird oder ganz ausgeschaltet bleibt.

Beleuchtung

Bei der Pflege tagaktiver Reptilien spielt die Beleuchtung eine wichtige Rolle. Neben der Wärmewirkung beeinflussen auch Helligkeit sowie die Tageslänge die Fortpflanzungsbereitschaft, Ruhe- und Wachzeiten sowie das Wachstum. Der Einsatz hochwertiger Leuchtmittel fördert das Wohlbefinden sowie die Vitalität der Tiere und beugt Stoffwechsel- und Skelettaufbaustörungen vor.

Ein wenig Theorie: Licht und Beleuchtungsstärke

Die Beleuchtungsstärke wird in Lux angegeben. Fällt ein Lichtstrom von einem Lumen (der Lichtstromwert wird von den Herstellern angegeben) auf einen Quadratmeter, beträgt die Beleuchtungsstärke 1 Lux, was in etwa der Helligkeit einer Mondnacht entspricht. Generell werden Terrarien meist eher zu dunkel als zu hell ausgeleuchtet weil sich viele Terrarianer von ihrem subjektiven Helligkeitsempfinden täuschen lassen. Beispielsweise erscheint uns die Beleuchtung von Büroräumen, meist beträgt diese nur 500-1000 Lux, hell und freundlich. Dabei ist dies nur ein Bruchteil der Lichtmenge die im Sommer im Schatten von Bäumen, dort werden etwa 10 000 Lux gemessen, erreicht wird. Im Sommer erreichen bei bewölktem Himmel die Luxwerte bis zu ca. 30 000 Lux, bei wolkenlosem Himmel bis zu 100 000 Lux und mehr.

Da griechische Landschildkröten im Hochsommer die Mittagshitze verschlafen, muss nicht das gesamte Terrarium mit 100 000 Lux ausgeleuchtet werden, jedoch sollten den Pfleglingen wenigstens punktuell hohe Luxwerte angeboten werden.

Natürliche Beleuchtungsstärke	E/Lux
Sonnenlicht im Sommer	100 000
Sonnenlicht im Winter	10 000
Bedeckter Himmel im Sommer	5 000 - 20 000
Bedeckter Himmel im Winter	1 000 - 2 000
Nachts bei Vollmond	0,2
Klare mondlose Nacht	0,0003

Daten zur natürlichen Beleuchtungsstärke von der Physikseite: www.reitmayer.de/physik-html

Licht ist nicht gleich Licht. Die Atmosphäre lässt nur Teilbereiche der elektromagnetischen Strahlung der Sonne und des Weltalls durch zwei „Fenster" bis zur Erdoberfläche durchdringen. Fenster I lässt Strahlung mit Wellenlängen von 290 nm-1400 nm passieren. Von dieser Strahlung wiederum nimmt das menschliche Auge nur einen gewissen Teil, Wellenlängen im Bereich zwischen 380 nm (violett) bis 780 nm (rot), als sichtbare elektromagnetische Strahlung wahr. Zwischen diesen beiden Eckwerten liegen alle anderen Lichtfarben (die sog. Spektralfarben). Die biochemisch sehr bedeutende ultraviolette Strahlung (290-380 nm) ist für unser Auge ebenso unsichtbar wie die jenseits des roten Lichtes (780-1400 nm) liegende Infrarotstrahlung, die hauptsächlich Wärmewirkung erzeugt.

Als Maßstab für künstliche Leuchtmittel dient das Sonnenlicht. Es erscheint uns weiß, setzt sich aber aus verschiedenen Einzelfarben mit unterschiedlichen Wellenlängen zusammen, wie wir einfach am Regenbogen, wo die Wassertröpfchen wie Prismen wirken und das weiße Mischlicht in seine einzelnen Bestandteile zerlegen, erkennen können. Die Leuchtmittelhersteller bilden die spektrale Strahlungsverteilung der Leuchtmittel meist auf der Verpackung ab. Hochwertige Leuchtmittel, sog. Tageslichtlampen, sind daran zu erkennen, dass sie ihr Licht mit übers gesamte Spektrum in nahezu gleichmäßig hoher Intensität abgeben. Demgegenüber weisen sogenannte Ein- oder Mehrbandenlampen große Lücken in ihrem Spektrum auf, bei ihnen sind nur einzelne oder mehrere Wellenlängenbereiche (Banden) sehr stark betont während in den übrigen Bereichen nur sehr wenig Licht abgegeben wird. Meist weist das Spektrum von Leuchtmitteln, die dem menschlichen Auge, dessen Adsorptionsmaximum im grüngelben Bereich liegt (bei einer Wellenlänge von 555nm), sehr hell erscheinen, gerade dort eine kräftige Bande auf.

Neben der Helligkeit, den Luxwerten, sind ferner die Lichtfarbe und der Farbwiedergabe-Index von Leuchtmitteln von Bedeutung. Nach SAUER, STECK, SCHUCHART & HORN (2004) ändert sich die Lichtfarbe im Tagesverlauf von etwa 2500 K bei Sonnenaufgang bzw. -untergang zu 4850-7000 K am Mittag. Das tiefe Blau des Himmels kann noch wesentlich höhere Kelvinwerte aufweisen. Lichtfarben unter 3300 K werden als warmweiß, 3300-5000 K als neutralweiß und über 5000K als tageslichtweiß bezeichnet. Zur Beleuchtung eines Schildkrötenterrariums eignen sich daher vor allem lichtstarke Leuchtmittel, deren Leuchtspektrum dem des Tageslichtes möglichst nachempfunden ist und deren Kelvinzahl zwischen etwa 5000-6000 Kelvin (wird in der Regel von den Herstellern der Leuchtmittel angegeben) liegt.

Zur alleinigen Terrarienausleuchtung eignen sich warmweiße Leuchtmittel weniger, jedoch gut um das Morgen- bzw. Abendlicht nachzuahmen. Werden verschiedene Leuchtmittel miteinander kombiniert und durch Einsatz separater Zeitschaltuhren zu- bzw. abgeschaltet, lässt sich die natürliche Helligkeitsverteilung sowie die Änderungen der Farbtemperatur im Tagesverlauf im Terrarium nachahmen.
Die Farbwiedergabeeigenschaften einer Lichtquelle werden mit dem Farbwiedergabeindex Ra bezeichnet. Der Farbwiedergabe-Index oder Ra-Index (vom Hersteller angegeben) reicht von 100-0. Besitzt ein Leuchtmittel einen Ra-Wert von 100 werden alle Farben optimal, d. h. wie bei Tageslicht, unverfälscht wiedergegeben. Je niedriger der Ra-Wert eines Leuchtmittels, desto schlechter ist dessen Farbwiedergabe. Leuchtmittel mit Ra-Werten zwischen 100-60 Ra eignen sich für den Einsatz in der Vivaristik.

Leuchtmittel Abstand	Osram PAR 35 W Halogen Metalldampflampe 942, 4200K	70 W Powerstar TS 70 Osram	HQL MBF-U 125 W Kugellampe	T5-Röhren 39W/85cm 6000K + Reflektor
40 cm	12 400 Lux	33 100 Lux	9 100 Lux	——
30 cm	18 500 Lux	45 500 Lux	18 100 Lux	11 000 Lux
20 cm	31 400 Lux	74 300 Lux	48 200 Lux	16 000 Lux
15 cm	50 000 Lux	100 300 Lux	——	——

Daten: Internetseite von Helmut Beck (www.schroete.de) ermittelt mit einem Lux Messgerät

Beim Anbringen bzw. Einbau der Leuchtmittel im oder über dem Terrarium ist ferner zu beachten, dass mit zunehmendem Abstand der Leuchtmittel zum Boden die Luxzahl stark abnimmt. Vereinfacht ausgedrückt vergrößert sich nach dem photometrischen Entfernungsgesetz bei der Verdopplung des Abstandes zum Leuchtmittel die bestrahlte Fläche im Quadrat und damit verringert sich die Beleuchtungsstärke ebenfalls im Quadrat. Landschildkröten benötigen als reine Bodenbewohner jedoch nicht unbedingt hohe Terrarien, 40-50 cm Höhe genügen bereits vollauf. Ferner können die Leuchtmittel, etwa im Zimmerterrarium auch in 20-40 cm Abstand über dem Boden abgehängt/installiert werden. Dies sieht zwar zugegebenermaßen optisch nicht sehr elegant aus, jedoch können so mit deutlich geringerer Wattzahl der Lampen sehr ordentliche Lux-Werte erzielt werden.

Wie aus nebenstehender Tabelle zu entnehmen ist, lassen sich bei entsprechend geringem Abstand der Leuchtmittel zum Terrarienboden durchaus lokal sehr hohe Luxwerte erzeugen. Ferner hilft der Einsatz hochwertiger Reflektoren, die Lichtausbeute deutlich zu erhöhen. Um die Luxwerte von Leuchtmitteln wirklich sicher und objektiv ermitteln zu können empfiehlt sich der Einsatz eines Lux-Messgerätes. Denn nicht jedes Leuchtmittel, das dem menschlichen Auge sehr hell erscheint (s.o.) gibt auch ein ausgewogenes Licht-spektrum sowie hohe Luxwerte ab. Zudem unterscheiden sich unterschiedliche Leucht-mittel, etwa Leuchtstoffröhren, Glühbirnen oder Halogen-Metalldampflampen aufgrund baulicher Unterschiede deutlich bezüglich des Wirkungsgrades der Lichtabstrahlung. Mit steigendem Wirkungsgrad eines Leuchtmittels reduziert sich dessen Wärmeabgabe. Licht-starke Leuchtmittel eignen sich daher nur bedingt, bzw. aus kurzer Distanz als Wärmequelle. Eventuell kann der Einsatz zusätzlicher Wärmespots notwendig werden.

Landschildkröten verbringen, abhängig von der Lufttemperatur, mehr oder weniger viel Zeit in ihren Verstecken. Vor allem im Hochsommer weichen sie der Mittagshitze aus, ziehen sich bereits am frühen Vormittag zurück und werden höchstens am späten Nachmittag bzw. frühen Abend noch mal aktiv. Daher genügt es, nur einen Teil des Schildkrötenbehälters sehr hell auszuleuchten.

Leuchtmittel im Terrarium

Allgebrauchs-Glühlampen und Halogenglühlampen

Wolframdraht-Glühlampen sind genau genommen Wärmestrahler die als Abfall etwas Licht abgeben. Von der aufgenomme-nen elektrischen Energie werden lediglich 5-10% in Licht, der Rest in Wärme und Konvektion umgewandelt. Sie eignen sich zur Schaffung lokaler Sonnenplätze, nicht zur alleinigen Terrarienausleuchtung. Bei Halogen-lampen sind die Lampenkolben mit Halogen-gas gefüllt, was ihre Lebensdauer, Lichtabgabe (Etwa doppelt so hoch wie bei Allgebrauchs-glühlampen) und ihre Farbtemperatur verbes-sert. Schutzglas filtert die geringfügig entste-hende UV-Strahlung heraus. Oft werden sie als sog. ICR-Lampen (Kaltlichtversionen)

angeboten, deren Wärmeabgabe durch Glas-beschichtung deutlich reduziert wird, weshalb sie als Wärmequelle nicht geeignet sind.

Jungtierterrarium mit Leuchtstoffröhre und Spot-strahler.   Foto: U. Dost

Leuchtstoffröhren

Leuchtstoffröhren eignen sich gut zur Grundausleuchtung eines Schildkrötenterra-riums. Hochwertige Röhren mit einer Licht-farbe von ca. 6000 K und einem ausgewoge-nen Vollspektrum sind zu bevorzugen. Allerdings lässt die Lichtausbeute mit zuneh-mendem Abstand zur Röhre (siehe Tab. S. 39) rapide nach. Zur Grundausleuchtung eines Landschildkrötenterrariums mit der Fläche von 100 x 50 cm in einem dunklen Raum soll-ten wenigstens 3-4 Leuchtstoffröhren à 30 Watt eingesetzt werden. Ihr Abstand zum Boden sollte 30-40 cm nicht übersteigen. Die Lux-Werte entsprechen dann etwa denen bei bewölktem Sommerhimmel (siehe Tab. S. 38). Um eine höhere Lichtausbeute, wenigstens punktuell zu erzielen, sollten Leuchtstoff-röhren mit anderen Leuchtmitteln, etwa einem PAR-Halogen-Metalldampfstrahler kombi-niert werden.

Quecksilber-Hochdrucklampen (HQL-Lampen)

Diese Lampen gibt es heute in mehreren Ausführungen und mit unterschiedlichen Spektren sowie Farbtemperaturen. Sie benöti-

HQL-Bausatz und HQL-Lampe.   Foto: U. Dost

gen ein Vorschaltgerät. Die „normale" Ausführung der HQL-Lampen hat eine schlechte Farbwiedergabe, was unser Auge nicht wahrnimmt, jedoch deutlich als Grünstich auf Fotos sichtbar wird. Bei der HQL-de-Luxe und der HQL-Super-de-Luxe-Ausführung wurde durch Veränderungen der Leuchtstoffschicht auf der Innenseite des Außenkolbens eine Verbesserung des Spektrums erzielt. Durch die Erhöhung des Anteils des abgegebenen roten Lichtes eignen sie sich für die Beleuchtung von bepflanzten Terrarien sehr gut. Je nach Hersteller werden heute Farbtemperaturen von 4600 K (neutralweiß) bis über 5000 K (tageslichtweiß) erreicht, weshalb sie auch gut für den Einsatz im Schildkrötenterrarium eignen. Seit 2006 sind HQL-Lampen sogar mit 7% UVB-Lichtabgabe (s. UV-Licht S. 43) erhältlich.

Im Terrarienhandel werden oft HQL-Bausätze ohne Gehäuse und Reflektor angeboten. Improvisierte Reflektoren, etwa silbern gestrichene Blumentöpfe, Brotbackformen oder mit Aluminumfolie beschichtete Gehäuse sind zwar besser als gar kein Reflektor, je hochwertiger jedoch der eingesetzte Reflektor und vor allem je besser aufs Leuchtmittel abgestimmt, desto besser ist die Lichtausbeute. Hier sollte also nicht an der falschen Stelle gespart werden. Quecksilber-Hochdrucklampen gibt es auch in Pilz- bzw. Strahlerform mit integriertem Reflektor, ihr Preis ist jedoch deutlich höher als der von birnenförmigen

Lampen, allerdings benötigen sie auch kein Reflektorgehäuse und können einfach in eine Keramikfassung eingeschraubt werden.

Halogen-Metalldampflampen (HQI)

Die Hallogen-Metalldampflampen sind eine Weiterentwicklung der HQL-Lampen. Sie weisen eine erheblich verbesserte Lichtausbeute sowie ein ausgewogenes Spektrum auf. Diese hochwertigen Lampen, wenn auch im Preis etwas höher angesiedelt als die vorher besprochenen Leuchtmittel, sind die ideale Beleuchtung von Terrarien in dunklen Räumen. Halogen-Metalldampflampen sind auch in Pilzform mit integriertem Reflektor als sog. PAR-Modelle erhältlich. Diese eignen sich sehr gut zur Schaffung luxstarker Licht- und Wärmeinseln. Früher gaben Halogen-Metalldampflampen auch einen gewissen UV-Strahlungsanteil ab, was aber aufgrund der unerwünschten Bleichwirkung heutzutage durch den Einsatz von Schutzgläsern (UV-Stopp) weitestgehend unterbunden wird. Als UV-Strahlungsquellen sind sie daher ungeeignet, es sei denn das Schutzglas wird durch ein spezielles UV-B-Strahlung durchlässiges Glas (sog. Sperrgitter), zu beziehen etwa über die Schott Glas AG Mainz, ersetzt. Sollten Schildkröten in Terrarien die mit Halogen-Metalldampflampen beleuchtet werden, während der Vorbereitung auf die Winterruhe trotz Herunterfahrens der Beleuchtungsdauer und der Temperaturen nicht allmählich zur Ruhe kommen, kann dies an den hohen Luxwerten (siehe Tab. S. 39) liegen. Im Herbst

HQI-Lampe mit Brenner.   Foto: U. Dost

sollten die HQI-Lampen daher durch weniger luxstarke Leuchtmittel, etwa Leuchtstoffröhren, ersetzt werden.

UV-Strahlung

Die Ultraviolettstrahlung ist für den Menschen nicht sichtbar, kann aber durch Fluoreszenz indirekt sichtbar gemacht werden. Sie zählt zur Gruppe der optischen Wellenlängen und wird daher häufig irreführend als „UV-Licht" bezeichnet. UV-B-Strahlung regt in der Haut die Synthese von Vitamin D_3 an, welches wiederum im Stoffwechsel, hier vor allem dem Kalziumstoffwechsel und damit beim gesunden Skelettaufbau, eine wichtige Rolle spielt. Die UV-Strahlung wird in 3 Bereiche unterteilt: die kurzwellige UV-C-Strahlung (100-280 nm), schädigt u.a. die Erbgutsynthese (wird daher in der Aquaristik in Wasserklärern zur Keimabtötung genutzt) und gilt als krebserregend. Die Ozonschicht der Erde absorbiert die kurzwellige UV-Strahlung unterhalb 290 nm Wellenlänge. Die mittelwellige UV-B-Strahlung (290-315 nm) regt in der Haut die Bildung von Vitamin D_3 aus seinen Vorstufen an. Ohne Vitamin D_3 können die Tiere u.a. das mit der Nahrung aufgenommene Kalzium nicht aus dem Darm ins Blut aufnehmen. Sowohl Vitamin D_3-Mangel als auch –überschuss führen zu Erkrankungen.

Am besten ist es, die Pfleglinge im Freigehege der ungefilterten Sonne auszusetzen oder im Terrarium Leuchtmittel mit einem bestimmtem Anteil an UV-B-Strahlung (290-315nm) einzusetzen. Dann können die Tiere instinktiv auf die UV-Strahlung reagieren und ihren Vitamin D_3-Haushalt selbst regeln. Wichtig bei UV-Bestrahlung ist, den Tieren stets Verstecke als Rückzugsmöglichkeiten anzubieten damit sie sich jederzeit der Wärme- und UV-Strahlung entziehen können. Die langwellige UV-A-Strahlung (315-380 nm) ist für die Vitamin D_3-Synthese nicht von Bedeutung.

Die Diskussion über den Nutzen von UV-B-Strahlung abgebenden Leuchtmitteln im Terrarium wird in Terrarianerkreisen immer wieder kontrovers diskutiert. Angaben über deren Wirksamkeitsgrad, den Abstand der Lampe zum Tier sowie die Bestrahlungsdauer variieren stark bzw. widersprechen sich oft. Aktuell sind meines Wissens keine allgemein zugänglichen, unabhängigen Messungen der UV-Abgabe von speziell für Terrarien produzierten Leuchtmitteln, etwa im Stile einer Stiftung Warentest-Reihe, erhältlich, weshalb im Folgenden auf die schon etwas älteren Daten einer Untersuchung von HOPPE (1999/2000) zurückgegriffen werden muss. Nach HOPPE erreicht die UV-B-Strahlung in der Mittagszeit am Äquator Werte von ca. 265 Mikrowatt/cm^2, in Deutschland 48,2 NB 175 Mikrowatt/cm^2. Seit Jahren als UV-Strahlungsquelle für Terrarientiere bewährt hat sich die 300 W-Ultravitalux Heimsonne von Osram. Ihre UV-B Abstrahlung erreicht nach HOPPE in etwa 25 cm Abstand die Werte der Sonne bei klarem Himmel zur Mittagszeit in Deutschland (ca. 175 Mikrowatt/cm^2), bei 30cm Abstand werden 170 Mikrowatt/cm^2 angegeben. Übrigens werden in der Industrie zur Erprobung von Werkstoffen auf ihre Tropentauglichkeit und UV-Strahlungsbeständigkeit sechszehn (!) 300-W-Ultravitalux pro Quadratmeter aus 50cm Abstand eingesetzt. Dies verdeutlicht noch einmal wie schwach viele Terrarien ausgeleuchtet werden (s. S. 38).

HOPPE errechnete ferner eine UV-B-Bestrahlungsdauer von etwa 6min (5,7-5,9min) aus 25cm Abstand unter der 300 W-Ultravitalux für eine Landschildkröte, um ihren Tagesbedarf an Vitamin D_3 zu erzeugen. Aufgrund der Hitzeentwicklung bei den 300 W Leistung sind jedoch Abstände von 0,7-1m einzuhalten. Entsprechend dem photometrischen Entfernungsgesetz (s. S. 39) nimmt der Wirkungsgrad von Leuchtmitteln mit zunehmendem Abstand zur Lampe ab, womit sich letztlich auch die Bestrahlungszeit, die notwendig ist, um ein gewisses Quantum zu erreichen, verlängert. Für die Ultravitalux bedeutet dies: Bei 50cm Abstand verlängert sich die Bestrahlungsdauer auf etwa 23 Minuten, bei 1m Abstand auf 92 Minuten. Hoppe errechnete für damals erhältliche Leuchtstoffröhren mit 3-8% UV-B-Anteil (UV-B-Abstrahlung aus 30cm Abstand 3-10 Mikrowatt/cm^2) die nötigen täglichen Bestrahlungszeiten je nach Fabrikat mit 100-333,3 Minuten. Die von HOPPE ermittelte Bestrahlungsdauer wird kontrovers diskutiert, etwa wegen der Unterschiede des Hautaufbaus von Reptilien und Säugern, geben jedoch wenigstens mal einen Richtwert. Selbsredend ist bei UV-Bestrahlung stets für strahlungsfreie Rückzugsplätze zu sorgen, damit die Tiere instinktiv auf die UV-Stärke reagieren können.

Damit die UV-Strahlungsquelle im Terrarium auch Wirkung zeigen kann, darf zwischen ihr und dem bestrahlten Tier keine Glasscheibe liegen, denn „normales" Glas (Natron-Kalk-Glas) hält im Gegensatz zu Quarzglas die UV-B-Strahlung zurück. Das Terrarium ans Fenster zu stellen ersetzt nicht die UV-Lampe! Über offene Behälter wird die UV-Strahlungsquelle, je nach Fabrikat, einfach in angemessenem Abstand montiert. In handelsübliche Terrarien muss die UV-Lampe eingebaut werden. Alternativ kann im Deckel für einen glasfreien Bereich gesorgt werden, z.B. indem man den Lochblechstreifen entfernt, Glasteile durch Plexiglas oder Drahtgaze ersetzt. Inzwischen werden von vielen verschiedenen Herstellern speziell für Terrarientiere ausgelegte Leuchtmittel, etwa Leuchtstoffröhren, Kompaktleuchtstofflampen, HQL-Lampen und Spotstrahler, die einen gewissen UV-B-Strahlungsanteil (je nach Modell und Herstellerangaben bis zu 10%) abstrahlen, angeboten. Die auf den Verpackungen angegebenen Prozentangaben an UV-B-Strahlung werden von Lichtingenieuren und Lichttechnikern allerdings als unseriös betrachtet, falls sie nicht in genauen physikalischen Messeinheiten, etwa W/ m^2 bzw. Mikro-

watt/cm^2 angegeben werden bzw. Bezugsgrößen (8% von was?) fehlen. Im Gegensatz zur 300W-Osram Ultravitalux sind die im Handel angebotenen Leuchtmittel mit etwas UV-B-Strahlungsabgabe dagegen für den ganztägigen Betrieb geeignet, bzw. müssen, um Wirkung zu erzielen, sogar ganztägig betrieben werden. Der Abstand zwischen diesen Leuchtmitteln und den Schildkröten darf 30-50 cm nicht überschreiten, da mit zunehmender Entfernung die Wirkung rapide nachlässt. Spotstrahler, die außer Wärme und Licht einen gewissen Anteil an UV-B-Strahlung (meist 5-6% laut Hersteller) abgeben eignen sich besser als Wolfram-Glühlampen zur Schaffung lokaler Sonnenplätze. Auch bei ihnen sollte der Abstand zum Tier höchstens etwa 30-50 cm betragen, wobei selbstredend darauf zu achten

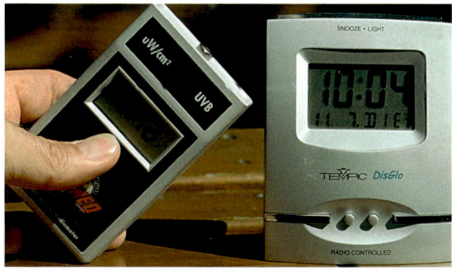

UV-B Messung im Freien um 10 Uhr.

Mit dem abgebildeten Messgerät wurden aus ca. 65cm Abstand zu einer 300 W Osram Ultravitalux dieselben µW/cm^2 Werte gemessen wie bei der Vergleichsmessung im Freien bei Sonnenschein im Juli um 12.04   Fotos: U. Dost

ist, dass sich die Tiere durch deren Wärmeabstrahlung keine Verbrennungen zuziehen können. Da alle Leuchtmittel mit zunehmender Betriebszeit an Wirkung verlieren, also auch der UV-Strahlungsanteil stark zurückgeht, sind diese, auch wenn sie als Lichtquelle durchaus weiter betrieben werden können, in regelmäßigen, vom Hersteller angegebenen Abständen auszutauschen. Wenn Sie ganz sicher gehen möchten, dass die eingesetzten Leuchtmittel auch wirklich noch UV-Strahlung abgeben und vor allem wieviel (im Vergleich zum Sonnenlicht), sollten diese regelmäßig mit einem UV-Strahlungsmessgerät überprüft werden.

TIPP:

Idealerweise werden die Leuchtmittel nach der Beendigung der Winterruhe im Frühjahr ausgewechselt. Die Beleuchtungsstärken neuer Leuchtmittel lassen keine Frühjahrsmüdigkeit bei den Pfleglingen aufkommen. Im Herbst sollen hingen hohe Luxzahlen die hormonelle Umstellung der Schildkröten auf die Winterruhe nicht behindern.

Technische Hilfsmittel

Viele Leuchtmittel strahlen ihr Licht nach allen Seiten ab. Hier hilft der Einsatz von hochwertigen **Reflektoren** um das seitlich und nach oben abgestrahlte Licht zum Boden hin zu bündeln/ reflektieren. Neben einer besseren Lichtausbeute entfällt auch die Blendwirkung beim Blick ins Terrarium. Beim Einsatz von Reflektoren ist darauf zu achten, dass es keinen Wärmestau gibt, denn dieser verkürzt die Lebensdauer der Leuchtmittel. Abhilfe schaffen Lüftungsöffnungen und etwas „Luft", das heißt etwas Abstand zum Leuchtmittel.

Zur Arbeitserleichterung empfiehlt sich der Einsatz einer **Zeitschaltuhr** um die Beleuchtung und die Wärmequelle in regelmäßigen Intervallen ein- bzw. auszuschalten. Die Betriebszeit der Beleuchtung ist der natür-

lichen Tageslänge anzupassen, etwa indem ein- bis zweimal die Woche die Einstellung der Zeitschaltuhr angeglichen wird. Werden Beleuchtung und der lokale Wärmespot mit separaten Zeitschaltuhren gesteuert, lässt sich ein Dämmerungseffekt erzeugen und die Temperaturen steigen, wie in freier Natur, erst eine Weile nach der Morgendämmerung an. Elegant ist es, mittels **Licht- bzw. Sonnensensor oder Dämmerungsschalter** die Beleuchtungsdauer automatisch der Tageslänge anzupassen. Um den Sonnenauf- bzw. –untergang nachzuahmen, bietet der Fachhandel speziell für Leuchtstoffröhren Dimmungsmechanismen an. Diese Geräte haben dieselben Abmessungen wie die handelsüblichen Starter und werden einfach anstatt derer in die Lampe eingedreht. Über 30 Minuten dimmen sie die Lichtabgabe der Leuchtstoffröhre langsam hoch bzw. herunter.

Wird die Terrarientechnik auf das Terrarienvolumen exakt zugeschnitten, kann auf den Einsatz eines **Thermostates** verzichtet werden. Nützliche Dienste leisten sie allerdings im Brutkasten sowie bei der Freilandhaltung, etwa im Schutzhaus als Frostwächter, um über die Nacht die Temperaturen auf einem bestimmten Wert zu halten.

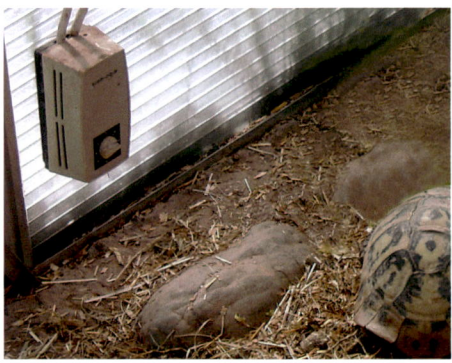

Thermostate sind z.B. bei der Freilandhaltung im Schutzhaus und im Brutkasten sinnvoll.

Foto: U. Dost

Einrichtung

Bodengrund

Ein Blick auf die natürlichen Gegebenheiten zeigt deutlich, aus welch unterschiedlichen Substraten und organischen Resten sich der Boden im natürlichen Lebensraum zusammensetzt. Landschildkröten leben in freier Natur nicht auf einem bestimmten, homogenen Substrat, etwa ausschließlich aus gesiebten Sandkörnern bestehenden Wanderdünen oder auf Holzstückchen. Entsprechend den Verhältnissen in ihren Lebensräumen benötigen sie Stellen mit festem Untergrund, etwa damit die Krallen sich auf natürliche Weise abnützen können oder, sollten sie auf den Rücken gefallen sein, um sich abstoßen und wieder von alleine aufrichten zu können. Im Bereich der Versteckhöhle ist dagegen lockeres Substrat, etwa Terrarien- oder Gartenerde, einzubringen, in das sie sich während Ruhephasen oder über die Nacht eingraben können. Das lockere Substrat ist regelmäßig durch Sprühen oder Nachgießen von Wasser leicht feucht (jedoch nicht versumpfen lassen!) zu halten. Besonders wichtig ist der leicht feuchte Unterschlupf bei der Aufzucht von Jungschildkröten, um eine Höckerbildung zu vermeiden.

Die Tiere benötigen sowohl grabfähigen, weichen, ...

... als auch festen Untergrund, auf dem sie sich selbständig umdrehen können.   Fotos: U. Dost

Die Liste der zur Landschildkrötenpflege empfohlenen Substrate in der Literatur und im Internet ist lang und wird je nach Autor sehr unterschiedlich bewertet. Generell gilt, dass die Eignung als Bodengrund nicht nur vom Material selbst abhängt, sondern auch von der Größe der Pfleglinge und der Substratpflege. Das beste Substrat nützt nichts, wenn es austrocknet weil nicht regelmäßig Wasser nachgegossen wird bzw. im Terrarium gesprüht wird. Hier sei nochmals darauf hingewiesen, dass zwar den Sommer über im Mittelmeerraum kaum Niederschläge fallen (siehe S. 16), wohl aber gelegentlich Frühnebel und Tau für Feuchtigkeit sorgen und sich die Tiere bevorzugt an Stellen mit feuchterem Boden eingraben. Ferner muss allen Reptilien, nicht nur

den Schildkröten, stets verdaubarer Kalk, etwa in Form von Sepiaschulpstückchen, Eierschalenresten oder Bröckchen von Mineralsteinen, zur Verfügung stehen. Dann können die Tiere bei Bedarf Kalzium zu sich nehmen und fressen bei einem Mineraliendefizit nicht in großen Mengen Substrat um diesen Mangel auszugleichen.

Beobachtet ein Pfleger, dass seine Tiere gezielt Substrat fressen bzw. dass der Kot auffällig viel Substrat, etwa Sand, enthält, was bei der regelmäßigen Reinigung des Schildkrötenbehälters ins Auge fallen sollte, ist sofort zu handeln. Eine übermäßige Substrataufnahme gründet häufig in einem Mineralienmangel. Hier ist dann nicht das Substrat, etwa der

Sand, durch Gartenerde zu ersetzen, weil diese leicht ausgeschieden werden kann, sondern durch Anbieten von Kalkstückchen für ein Beheben des Mineralienmangels zu sorgen. Ferner versuchen die Schildkröten auch durch Aufnahme von Substrat ihre Darmflora mit Mikroorganismen anzuimpfen. Das Einbringen von etwas unbehandelter Gartenerde ins Terrarium, besonders ins Aufzuchtterrarium für die Schlüpflinge, ist daher sehr zu empfehlen. Schließlich kann eine übermäßige Substrataufnahme auch auf eine Fehlernährung samt Verschiebung der Darmflora hinweisen (siehe Abschnitt Ernährung S. 49). In älterer Literatur immer wieder abgebildete Substrate wie z. B. Holzspäne, Kleintierstreu und reiner Kies können leicht, werden sie in größerer Menge gefressen, zu tödlich endenden Darmverschlüssen führen und sind daher untauglich.

Einige Substrate können bei Jungtieren durchaus zum Einsatz kommen, eignen sich aber für ältere Tiere nicht mehr. Beispielsweise Kokosfasererde, die immer wieder für Jungtiere empfohlen wird. Die noch leichten Jungschildkröten sinken darin kaum ein während sie schwereren, älteren Schildkröten keine Trittfestigkeit bietet. Generell führt der Einsatz von lockerem Material auf der gesamten Grundfläche des Terrariums zu einem verstärkten Längenwachstum der Krallen, da eine natürliche Abnutzung nicht möglich ist. Ferner lässt sich trockene Kokoserde, etwa durch oberflächliches Sprühen, nur schwer wieder befeuchten oder zerfällt mit der Zeit durch die mechanische Beanspruchung in winzige Partikel, die bei zu trockener Haltung schnell Atemwegsreizungen (etwa häufiges Niesen) auslösen oder zu erhöhtem Tränenfluss führen können. Zerfällt das Substrat mit zunehmender Alterung, ist es auszutauschen.

Die Tiere finden, wie oben bereits erwähnt (S. 18) auch in ihren Biotopen Stellen mit ganz unterschiedlichen Substraten vor und kaum ein Substrat kann sämtliche Anforderungen erfüllen. Auch im Terrarium können daher mehrere Substrate miteinander kombiniert werden. Beispielsweise kann ein Drittel bis die Hälfte der Bodenfläche (im Bereich der Versteckhöhle) mit lockerem Substrat, etwa einer Sand-Mutterbodenmischung, Kokoserde, Rindenhumus oder handelsüblicher Terrarienerde, aufgefüllt werden.

Damit sich die Tiere vollständig eingraben können ist die Höhe der Substratschicht entsprechend der Panzerhöhe der Schildkröten zu bemessen. Im Versteck kann als Oberflächenabdeckung, in die sich die Tiere gerne einbetten, zudem etwas Buchenlaub, geschrotete Kiefern- oder Pinienrinde, Stroh oder Wiesenheu (dienen beide gleichzeitig als Nahrungsergänzung) eingebracht werden. Heu und Stroh müssen jedoch regelmäßig auf Schimmelbildung hin untersucht und gegebenenfalls ausgetauscht werden. Die restliche Bodenfläche wird mit festem Substrat, bevorzugt lehmiger Erde oder nach der Trocknung fest werdendem, lehmigem Sand, etwa speziellem Terrariensand oder Grabsand, ausgestattet. Das Einarbeiten von flachen Sandstein-

Beispiel einer Einrichung für Landschildkröten aus dem "Reptilium" in Landau.   Foto: U. Dost

platten in lockere Substrate wäre eine weitere Möglichkeit den Tieren stellenweise festen Untergrund anzubieten.

Weitere Einrichtung

Als Versteckmöglichkeiten eignen sich sowohl Korkröhenstücke, Kunsstoffhöhlen bzw. -häuschen für Kleintiere als auch halbierte, nicht glasierte Tontöpfe. Der Ton kann gut befeuchtet werden und zeigt durch die Aufhellung der Färbung an, wann er trocken wird – also Wasser nachgegossen werden muss. Alle diese Materialien sind sehr gut zu reinigen und schimmeln nicht. Die Schildkröten stellen an die Optik ihres Unterschlupfes weitaus weniger Ansprüche als mancher Pfleger. Für die Schildkröten ist wichtig, dass die Verstecke recht eng und dunkel sind und falls möglich einen Kontakt des Panzers zur Decke ermöglichen. Kreative Pfleger können natürlich auch aus anderen Werkstoffen Versteckhöhlen bauen. Holz schimmelt jedoch bald an der Kontaktzone zum feuchten Boden. Steinaufbauten müssen so stabil sein, gegebenenfalls miteinander verbunden werden, dass die Tiere sie beim Graben nicht zum Einsturz bringen können. Um die Verstecke kontrollieren zu können, eignen sich leicht handhabbare Lösungen besser als unkontrollierbare, verschlungene Röhrensysteme oder schwergewichtige Steinaufbauten.

Da die Tiere gerne klettern und um unterschiedliche Zonen sowie Sichtschutz zu schaffen, sind verschiedene Strukturelemente, wie Steine oder Wurzeln bzw. Äste ins Terrarium einzubringen. Eine flache Wasserschale, die täglich gereinigt und mit frischem Wasser befüllt wird, darf nicht fehlen.

TIPP:

Stellt man einen Gegenstand in die Wasserschale, z.B. einen Stein, so koten die Tiere nicht ins Wasser.

Der Lebensraum im Sommer auf Mallorca.
Foto: U. Dost

Ernährung

Die mediterranen Landschildkröten haben sich über Jahrtausende nicht nur durch ihr Verhalten, sondern auch durch körperbauliche Veränderungen (Vergrößerung von Dickdarm und Blinddarm) an die Umweltbedingungen ihres Lebensraumes angepasst. Den Sommer über müssen sie sich notgedrungen hauptsächlich von kargen, recht geringwertigen, vertrockneten, faserreichen und vor allem zellulosereichen Pflanzenteilen ernähren. Doch unter Mithilfe der in ihrem Darm ansässigen Mikroorganismen können sie sogar die für fleischfressende Wirbeltiere unverdauliche Zellulose, einnen Mehrfachzucker der als Stützsubstanz in Zellwänden pflanzlicher Organismen vorkommt, zur Energiegewinnung nutzen. Gerade diese Mikroorganismen sind auf faserreiches Futter, etwa Kräuterheu, angewiesen. Demgegenüber führt leichtverdauliche Kost nicht nur zu Verfettung der Schildkröten, sondern verändert die Darmflora nachhaltig was letztlich gesundheitliche Probleme hervorruft. Griechische Landschildkröten (*T. hermanni*) ernähren sich in ihrem Lebensraum fast ausschließlich von Pflanzen und deren Teilen. MEYER (2001) gibt für *Testudo hermanni* folgende Nahrungszusammensetzung an: 30% Wegericharten (*Plantago spp.*), 26% Korbblütler und 10% Rosengewächse. Sie verschmähen zwar weder Würmer, Schnecken, Aas noch

Obst, allerdings bietet sich ihnen in ihren natürlichen Lebensräumen kaum einmal die Chance an diese Futtersorten heranzukommen. Zudem ist bei ihrer Ernährung zu beachten, dass Landschildkröten in ihren Habitaten nicht jeden Tag fressen. Bei Kälte, Regen, Hitze oder Dürre legen sie meist Fresspausen ein.

Das Futter im Jahresverlauf

Entsprechend dem mediterranen Klima, verändern sich sowohl die Zusammensetzung der Inhaltsstoffe als auch der Wassergehalt der Pflanzen im Jahresverlauf stark.

Im Winter und im Frühling fallen kräftige Niederschläge und sobald es die Temperaturen erlauben, grünt und blüht es mannigfaltig rund ums Mittelmeer. Den Schildkröten bietet sich nach ihrem Erwachen aus der Winterruhe ein abwechslungsreicher, üppig gedeckter Tisch. Das frische, vitaminreiche Grün ist reich an Nährstoffen, bei hohem Wassergehalt und noch recht niedrigem Rohfasergehalt.

Bereits Ende Mai lassen die Niederschlagsmengen deutlich nach. Die Sonne scheint immer kräftiger und länger, die Temperaturen steigen und die Vegetation vertrocknet zusehends. Mit dem Verdorren der Pflanzen nehmen sowohl ihr Nährstoff- als auch ihr Wassergehalt ab wohingegen der Rohfaseranteil deutlich ansteigt. Im Sommer sind rund ums Mittelmeer Gelb- und Brauntöne die vorherrschenden, die Landschaften prägenden Farben. Viele Pflanzen sind nun bereits verblüht und vertrocknet, ausgenommen die typisch mediterranen, immergrünen Gewächse mit derben Blättern, die ihr Laub nicht abwerfen. Über die Sommermonate müssen die Schildkröten daher vornehmlich mit Heu vergleichbaren, vertrockneten Pflanzenteilen vorlieb nehmen und von den im Frühjahr angefressenen Reserven zehren.

Demgegenüber stehen in Mitteleuropa Wildkräuter, bis auf die wenigen Jahre mit Jahrhundertsommern und den dadurch bedingten „Dürren", fast ganzjährig zur Verfügung. Allein die bis zum ersten Schnee noch verfügbaren, saftigen Wildkräuter stellen oft schon ein zu reichhaltiges Mastfutter dar, da sie in unseren Breiten meist nicht verdorren und ihr Rohfasergehalt relativ niedrig bleibt. Ab Ende Mai sind durch zunehmendes Reichen von Wiesenheu (im Handel werden verschiedene getrocknete Wildkräuter angeboten) und Stroh sowie das Einlegen von 1-2 Fastentagen pro Woche die Verhältnisse des mediterranen Sommers auch bezüglich der Ernährung nachzuahmen. Ist der Pfleger länger außer Haus, etwa übers verlängerte Wochenende, kann etwas Wiesenheu im Gehege eingebracht werden, jedoch schaden gesunden Tieren 2-3 Fastentage nicht.

Wichtig um ernährungsbedingte Erkrankungen zu vermeiden ist, die Schildkröten so gut als möglich entsprechend ihrer natürlichen Lebensweise sehr abwechslungsreich und vor allem entsprechend ihrer körperbaulichen Anpassung an die Klimaverhältnisse zu ernähren.

Junge Landschildkröten beim Verzehr von getrockneten Löwenzahnpflanzen   Foto: U. Dost

Frischer Löwenzahn wird im Frühjahr bevorzugt angeboten.   Foto: U. Dost

Beispielsweise benötigt die Maurische Landschildkröte (*T. graeca*) nach Meyer (2001) bei einer Temperatur von 28°C ca. 3-8 Tage um frischen Kopfsalat zu verdauen und dessen Reste wieder auszuscheiden, ähnlich dürfte die Verdauungsgeschwindigkeit bei *T. hermanni* liegen. Nach Bauer (1999) beträgt die Verweildauer von zarten Salatblättchen, zuckerhaltigem Obst oder stärkehaltigem Futter oft nicht einmal 2 Stunden.

Gröberes, trockenes und rohfaserreiches Wiesenkräuterheu oder Gras benötigt dagegen bei gleicher Temperatur 16-28 Tage für die Magen-Darmpassage.

> Dies zeigt auch, wie wichtig es ist, die Tiere wenigstens 2-3 Wochen ohne jegliche Futtergaben auf die Winterruhe vorzubereiten, um ihnen eine weitestgehende Entleerung des Verdauungstraktes zu ermöglichen.

Durch ungeeignete Nahrungsmittel kommt es zu Veränderungen des Darmmilieus, etwa durch alkoholische Gärung zu Veränderungen des pH-Wertes wenn zu viele Früchte verfüttert werden. Dadurch kann es wiederum zu einer Schädigung bzw. gar dem Verlust der ursprünglichen, zur Verdauung von faserreichem Futter benötigten Darmmikroorganismen kommen. Ferner können sich auf dem frei gewordenen Raum nun auch weniger nützliche bzw. gar krankheitserregende Keime breit machen. Ohne nützliche Mikroorganismen kann faserreiches Futter nicht mehr verdaut werden und Durchfall, Blähungen sowie Wasserverlust können die Folge sein. Des Weiteren können sich im Darm parasitierende Würmer (z. B. Oxyuren) im nährstoffreichen Futterbrei übermäßig stark vermehren bzw. werden nicht mehr so stark mechanisch ausgeputzt bzw. ausgetrieben wie durch die faserreiche Nahrung, was schließlich zu ernsthaften Schädigungen des Wirtstieres führen kann (siehe S. 62).

Nach Bauer (1999) versuchen Schildkröten durch gezieltes Fressen von Bodengrund (z.T. auch Kot) ihren Darm wieder mit nützlichen Keimen anzuimpfen, was bei ungeeigneten Substraten im Terrarium nicht selten zu schwersten Verstopfungen führt. Auch eine

Fehlernährung kann zu einer übermäßigen Substrataufnahme und infolge derer zu einem Darmverschluss führen.

Im Freiland gehaltene Landschildkröten fressen sehr gerne Würmer und Schnecken. Dies tun sie durchaus auch in ihren Lebensräumen rund ums Mittelmeer, allerdings ist hier wiederum auf die Klimaunterschiede zwischen Mittel- und Südeuropa hinzuweisen. In den oft feuchten deutschen Sommern gibt es z.T. wahre Schneckenplagen während man in südlichen Gefilden im Juli und August wohl kaum jemals einen Regenwurm oder eine Nacktschnecke zu sehen bekommt.

Obst darf nur äußerst selten verfüttert werden.
Foto: U. Dost

Ähnliches gilt für Obst, das leicht verdaulichen Zucker enthält. Auch Süßes verzehren die Tiere mit Heißhunger, finden es jedoch in ihren natürlichen Lebensräumen nur höchst selten. Meint der Pfleger nun aufgrund der Beobachtung der Futtervorlieben seiner Schildkröten, ihnen durch häufige Obst- und Eiweißgaben Gutes zu tun, zumal sie es ja scheinbar mit Vorliebe fressen, sitzt er leider einem Irrtum auf. Denn aufgrund der Anpassung und des Darmaufbaues sind Schildkröten geradezu auf wenig gehaltvolle Nahrung angewiesen. Wird zu viel leichtverdauliche, zucker- und proteinreiche Kost verfüttert, kommt es einerseits zu einer Einlagerung von überschüssigem Zucker in Form von Fett ins Gewebe und die Leber; Verfettung oder Leberschäden sind die Folge. Andererseits kommt es zu Verschiebungen der Darmflora, d.h. die Anzahl günstiger Mikroorganismen geht stark zurück (BAUER 1999, MEYER 2001). Auf dem frei werdenden Raum können sich infolge dessen ungünstige Mikroorganismen ausbreiten, die bei Massenvermehrung Darmentzündungen, Geschwüre oder gar Darmdurchbrüche hervorrufen. Fällt einmal eine Frucht ins Schildkrötengehege (z.B. eine Brombeere oder eine Himbeere), ist dies kein Beinbruch, jedoch tut der Pfleger mit regelmäßigen Obstgaben seinen Schützlingen keinen Gefallen, sondern bewirkt das Gegenteil. Sie werden nicht selten geradezu süchtig nach bestimmten Futtersorten (meist leider den ungesunden, krankmachenden) und ziehen diese ihrer natürlichen, gesünderen Nahrung vor. Hier gilt es, selbst falls die Tiere über Tage hinweg die gesunde Nahrung verweigern, sich nicht erweichen zu lassen und ihnen aus Sorge, sie könnten verhungern, wieder das ungesunde Futter anzubieten. Ebenso müssen nicht nur handverlesene, frische Blättchen gereicht oder das angebotene Futter zerkleinert oder als Brei angeboten werden. Die Tiere dürfen durchaus auch etwas „zum Kauen" bekommen damit sich die Hornscheiden abnutzen.

Schnecken sollten nur in Ausnahmefällen gefressen werden.
Foto: U. Dost

Pflanzliche Schadstoffe

Pflanzenfresser sollten normalerweise instinktiv die für sie genießbaren Pflanzen auswählen und viele Reptilien fressen für Kleinsäuger giftige Gewächse, ohne Probleme zu bekommen; dennoch kann man sich nicht darauf verlassen. Denn aufgrund des beschränkten Lebensraumes im Terrarium oder in kleinen Freigehegen knabbern Landschildkröten häufig aus Neugierde oder aus Langeweile an den eingestellten Pflanzen herum, was die Gefahr einer unbeabsichtigten Aufnahme giftiger Pflanzenteile deutlich erhöht.

Nach DENNERT (2004) weisen alle! wild wachsenden Kräuter einen mehr oder weniger hohen Gehalt an sekundären Inhaltsstoffen, die nicht den Nährwert beeinflussen, sondern sie unverträglich bis toxisch für Pflanzenfresser machen, auf. Dabei werden nach SCHALL & RUSSEL (1991, zit. in DENNERT 2004) von pflanzenfressenden Reptilien auch unterschiedliche Mengen giftiger Pflanzen aufgenommen. Durch die Vielfalt der aufgenommenen Pflanzen wird allerdings der Schadstoffanteil meist stark verdünnt und das Vergiftungsrisiko verringert. Ferner werden bestimmte Schadstoffe oder Gifte durch die Verdauungssäfte chemisch und/oder unter der Mithilfe der Darmmikroorganismen abgebaut. Bemerkenswerter Weise sollen *Testudo h. hermanni* nach LONGPIERRE & GRENOT (1999) sogar z.T. bei Parasitenbefall ganz gezielt toxische Pflanzen fressen um die Parasiten zu bekämpfen.

Für Schildkröten giftige Pflanzen finden Sie im Kasten auf Seite 57, ausführlichere Informationen zur Giftigkeit von Pflanzen finden sie bei DENNERT (2004) oder MEYER (2001). Eine empfehlenswerte Internetseite zum Thema Schildkrötenfutterpflanzen ist die Seite: www.schildifutter.de von MARION MINCH.

Im Zweifelsfall (z.B. bei unbekannter Pflanze oder wenn keine Angaben über die Verträglichkeit bekannt sind) ist auf eine Verfütterung bzw. das Einbringen ins Schildkrötengehege zu verzichten.

Oxalsäure ist häufig in heimischen Pflanzen enthalten, besonders viel in Sauerkleegewächsen, Spinat und Ampferarten. Oxalsäure verbindet sich mit den Kalziumionen des Blutes, was zu einer Senkung des Blutkalziumspiegels führt. Bei zu hohem Kalziumoxalatspiegel im Blut kann es Kalziumoxalat in den Nieren auskristallisieren und Nierenschädigungen hervorrufen. Hohe Dosen von Oxalsäure können zu Krämpfen und Erbrechen führen und sogar Geschwüre verursachen.

Besonders **Kohlsorten** enthalten Substanzen die die Jodaufnahme durch die Schilddrüse hemmen. Dies führt zu einer Vergrößerung der Schilddrüse (=Kropf). Wiesenschaumkraut und Ackerhellerkraut sowie von den Kulturpflanzen Blumenkohl, Kohl und Rettichlaub sind besonders bedenklich und sollten besser nicht angeboten werden. Brokkoli, Brunnenkresse, Grünkohl, Kohlrabi, Radieschen und Rosenkohl sind ebenfalls bedenklich.

Besonders Beinwell und Spinat enthalten viel **Nitrat** (bis 3% der Trockenmasse). Wird zuviel Nitrat aufgenommen, kann sich Nitrit bilden, das das Hämoglobin (Sauerstoffträger) beeinflusst, weshalb das Tier aufgrund von Sauerstoffmangel unter Krämpfen verenden kann.

Die Aufnahme überreifer, gärender Früchte kann zu Rauschzuständen mit Gleichgewichtsstörungen führen und die Darmflora nachhaltig schädigen.

Die Kräutervielfalt auf einer Frühlingswiese ist sehr reichhaltig.   Foto: U. Dost

Löwenzahn wird gerne gefressen.   Foto: U. Dost

Breitwegerich.   Foto: E. Köhler

Geeignete Futterpflanzen

Generell sind im Garten oder auf unbelasteten Böden wild wachsende Kräuter und Futterpflanzen gekauften Salaten oder Fertigfutter vorzuziehen. Der Eiweiß- und Fettgehalt von Wildkräutern ist niedriger, ihr Vitamin- und Rohfaseranteil höher und sie haben ein vorteilhaftes Calcium/Phosphor-Verhältnis von 2-5:1 (siehe Kasten S. 56).

Die Inhaltsstoffe von Pflanzen, etwa Eiweiß, Fett, Kohlenhydrate und der Rohfaseranteil sind abhängig von deren Herkunft, deren Wassergehalt (Frischfutter enthält oft 80-90% Wasser) sowie der Jahreszeit bzw. dem Zeitpunkt der Ernte. Um verschiedene Pflanzen miteinander vergleichen zu können, wird bei der Futtermittelanalyse die Trockensubstanz als Vergleichsbasis herangezogen. BAUER (1999) nennt einen Proteingehalt von 5-10% der Trockenmasse der natürlichen Nahrung der mediterranen Landschildkröten. Nach DENNERT (2004) beträgt der Eiweißanteil von getrocknetem Wiesenheu ca. 12%, der von getrockneten Löwenzahnblättern etwa 18% (frische Blätter enthalten 2,6% Eiweiß). Ferner sollte nach DENNERT der Fettanteil der Trockensubstanz deutlich unter 10% liegen, in wild wachsendem Grünfutter liegt er meist zwischen 2,2 % (Vogelmiere) bis 4,4% (jungem Weidegras). Der Rohfaseranteil schwankt zwischen 12% bei der Vogelmiere, 20% beim Rotklee bis zu über 40% bei Stroh.

Die Liste der als Futter für Landschildkröten geeigneten Wildkräuter ist lang und manche Schildkröte entwickelt individuelle Vorlieben und Abneigungen.

TIPP:
Werden die Tiere abwechslungsreich ernährt, bleiben Futterverweigerungen aufgrund einer Gewöhnung an bestimmte Futtersorten aus.

Gänseblümchen. Foto: B. Kroker

Vogelmiere. Foto: B. Kroker

Kapuzinerkresse. Foto: E. Köhler

Himbeerblätter. Foto: E. Köhler

Klee. Foto: U. Dost

Wicke. Foto: B. Kroker

Im Frühjahr sind die Wiesen sehr saftig.
Foto: U. Dost

Die gleiche Wiese und Schildkröte im Hochsommer. Es stehen fast nur vertrocknete Pflanzen zur Verfügung.
Foto: U. Dost

Frische Kräuter stehen im natürlichen Lebensraum nicht das ganze Jahr zur Verfügung, was bei der Ernährung zu berücksichtigen ist.
Foto: U. Dost

Im gut sortierten Fachhandel können ganzjährig getrocknete Wiesenkräuter und Wiesenheumischungen gekauft werden. Alternativ kann, sind die Vorraussetzungen gegeben, auch Wiesenheu für den Eigenbedarf selbst gesammelt und getrocknet werden.

Die Agrobs GmbH in Deggendorf am Starnberger See bietet mehrere hervorragend für die Verfütterung an europäische Landschildkröten geeignete Trockenfuttermischungen (Agrobs Pre Alpin *Testudo* Baby, *Testudo Testudo* Fibre, *Testudo* Herbs) in Form von Granulat und Presslingen, die z. T. über 60 Kräuter- und Gräsersorten enthalten, an. Inhaltsstoffe laut Hersteller: Rohfaser 26,4-29.6%, Ca:P-Verhältnis ca. 2:1, Rohprotein 5,2-9,6%, Rohfett 2,1-2,5%. Entweder wird das Futter eingeweicht angeboten oder den Tieren Wasser dazu gereicht.

Getrocknete Kräutermischungen gibt es im Handel zu kaufen.
Foto: U. Dost

Wichtig ist, den Tieren eine abwechslungsreiche Ernährung zu bieten und dabei auf die jahreszeitlichen Unterschiede (vgl. auch S. 48) zu achten. Frische Kalkstückchen sowie eine Schale mit frischem sauberem Wasser müssen stets vorhanden sein.

Sogenannte Heucobs aus dem Handel sind gewöhnungsbedürftig, sind die Tiere sie gewöhnt, werden sie aber gerne gefressen. Foto: U. Dost

Löwenzahn sowie andere Kräuter können auch selbst getrocknet werden. Foto: U. Dost

Auswahl an weiterem Zusatzfutter für die Übergangszeit im Frühjahr und im Herbst

Endiviensalat
Eichblattsalat
Gartenkresse
Golliwoog (Kriechendes Schönpolster, *Callisia repens*)
Eisbergsalat
Feld-, Acker- oder Pflücksalat
Funkien (*Hosta spp.*)
Karotten, geschnetzelt
Lollo bianca und *Lollo rosso*
Radicchio
Romana Salat
Tradescanthien
Wiesenkräuterheu
Zuckerhut

Unvollständige Liste von Futterpflanzen die von Landschildkröten gerne gefressen werden

Name	Bemerkungen
Akelei (*Aquilegia vulgaris*)	gilt als giftig für Säuger
Ackerwinde (*Convolvulus arvensis*)	
Bärlauch (*Allium ursinum*)	gefressen werden Blüten und Blätter
Bechermalve (*Lavatera trimestris*)	nicht nur Futter sondern auch schöner Schattenspender
Breitwegerich (*Plantago major*)	Ballaststoffreich, enthält sehr viel Kalzium
Brennessel (*Utrica dioica*)	Ca:P-Verhältnis etwa 3-5:1, wird von älteren Tieren trotz Brennhaaren gefressen, für Jungtiere, um die Brennhaare zu entschärfen, besser die Blätter heiß überbrühen oder getrocknet verfüttern.
Fetthenne (*Sedum spec.*)	
Franzosenkraut (*Galinsoga parviflora*)	
Gamander-Ehrenpreis (*V. chamaedrys*)	
Gänseblümchen (*Bellis perennis*)	
Genfer Günsel (*Ajuga genevensis*)	
Giersch (*Aegopodium podagraria*)	nur die jungen zarten Blätter und die Wurzeln werden gefressen
Große Bibernelle (*Pimpinella major*)	
Himbeere (*Rubus idaeus*)	hier vor allem die Blätter, die Früchte für den Pfleger! Nach Marion Minch eignen sich die Früchte, um Erkältungen bei den Schildkröten zu kurieren.
Huflattich (*Tussilago farfara*)	
Kalanchoe (Flammendes Käthchen)	
Kapuzinerkresse (*Tropaelum majus*)	
Klatschmohn (*Papaver rhoeas*)	
Klettenlabkraut (*Galium aparine*)	
Löwenzahn (*Taraxacum officinale*)	Vitaminreiches Wildkraut, Ca:P-Verhältnis ca. 2-3:1, 2,6 % Protein und 0,6 % Fett in frischen Blättern, 17,8 % Protein und 4,3 % Fett in Trockensubstanz.
Malve (*Malva sylvestris*)	
Platterbse (*Lathyrus vermus*)	
Rotklee (*Trifolium pratense*)	gilt als Blutverdünner, nur in Maßen verfüttern
Rote Taubnessel (*Lamium purpureum*)	
Spitzwegerich (*Plantago lanceolata*)	
Vogelmiere (*Stellaria media*)	

Name	Bemerkungen
Vogelwicke (*Vicia cracca*)	
Wegwarte (*Cichorium intybus*)	
Weinrebe (*Vitis vinifera*)	hier die Blätter, höchstens gelegentlich eine Traube!
Weißklee (*Trifolium repens*)	proteinreiches Mastfutter
Weiße Taubnessel (*Lamium album*)	
Wilde Erdbeere	
Walderdbeere (*Fragaria vesca*)	Leckerbissen sind die Blätter (Früchte für den Pfleger!), die auch im Winter im Wald zu finden sind.

Liste einiger giftiger Pflanzen, die nicht ins Schildkrötengehege gehören (nach DENNERT 2004).

Akazie, Falsche	Hortensie	Sumpfdotterblumenblüten
Amaryllis	Kleines Immergrün	Sumpfschachtelhalm
Anemone	Jasmin	Schmucklilie
Azalee	Kaladie	Schöllkraut
Begonie	Kermesbeere	Schwertlilie
Betelnusspalme	Kirschlorbeer	Seidenpflanze
Bilsenkraut	Kreuzkraut	Großes Springkraut
Birkenfeige	Lerchensporn	Stechapfel
Blauer Eisenhut	Lobelie	Tollkirsche
Blutwurz	Loorbeerbaum	Tomate, außer der Frucht
Butterblume	Maiapfel	Trompetenbaum
Calla	Monstera	Tulpenbaum
Dieffenbachie	Bittersüßer Nachtschatten	Wacholder
Efeuarten	Gelbe Narzisse	Weihnachtsstern
Efeutute	Nelke	Wilder Wein
Eibe	Oleander	
Essigbaum	Pfingstrose	
Gummibaum	Rittersporn	
Gundermann	Rosmarin	
Knolliger Hahnenfuß	Gartensalbei	
Scharfer Hahnenfuß	Saubohne	

Die Panzerverletzungen sind wieder gut verheilt.
Foto: U. Dost

Gesundheit

Quarantäne

Um Infektionen vorzubeugen, dürfen Neuerwerbungen sowie Gast- oder Urlaubstiere nicht einfach zu bestehenden, gesunden Beständen, (womöglich seit Jahrzehnten gehaltenen Zuchtgruppen) gesetzt werden. Bei Neuzugängen ist stets eine mehrwöchige Quarantänefrist einzuhalten. Erst nachdem mindestens 2 Kotproben ohne Parasitenbefund blieben sowie 2 Herpesantikörpertests negativ ausfielen, kann die Quarantäne beendet werden. Da Schildkröten auch Herpesviren in sich tragen können, ohne dass ein Nachweis positiv ausfällt, bleibt dennoch ein geringes Restrisiko bestehen und Quarantänefristen von einem Jahr und länger können Besitzern großer Bestände nur ans Herz gelegt werden.

Hygiene

Von Gehege zu Gehege bzw. Terrarium zu Terrarium (besonders aus Behältern von Neuerwerbungen) dürfen weder Wasser- oder Futterschalen noch andere Einrichtungsgegenstände ohne vorherige Sterilisation und vor allem keine Nahrungsreste überführt werden. Futter- und Wassernäpfe sind sorgfältig zu reinigen und zu desinfizieren (etwa mit 70% Alkohol, diesen 5 min einwirken lassen und mit klarem Wasser nachspülen), danach ist das Händewaschen und Desinfizieren Pflicht. Kotreste sind regelmäßig zu entfernen bzw. ist das Substrat bei starker Verschmutzung ganz auszutauschen. Zuerst sollte immer der Altbestand versorgt werden und zum Schluss erst die Quarantänebecken um eine Keimverschleppung zu vermeiden.

Herpes

Anfang der 1980er Jahre wurde erstmals eine oft tödlich verlaufende Infektionskrankheit, verursacht durch Herpesviren, bei Landschildkröten festgestellt. Es wurden inzwischen verschiedene Herpesstämme isoliert, die sich bezüglich ihrer Pathogenität unterscheiden. Besonders die Griechische Landschildkröte (*Testudo hermanni*) erkrankt sehr leicht und leider meist mit tödlichem Ausgang an Herpesviren. Demgegenüber scheint die Maurische Landschildkröte die Herpesviren in sich zu tragen ohne selbst daran zu erkranken. Anfangs wurden nordafrikanische *T. graeca* als Verursacher der Herpesinfektionen verdächtigt, heute eher südtürkische *T. graeca*. Generell hängt es sowohl von Immunzustand des jeweiligen Tieres als auch von der Pathogenität des entsprechenden Virenstammes ab, wie schnell die Krankheit ausbricht, ob schon nach Tagen oder erst nach Wochen oder Monaten. Als Übertragungsweg gilt zellhaltiger Speichel. Ob eine Übertragung vom Muttertier aufs Ei erfolgt, ist noch nicht abschließend geklärt.

Erkrankte Tiere weisen häufig eitrige Beläge im Rachenraum insbesondere auf der Zungenschleimhaut auf. Eine Herpesinfektion kann sich jedoch auch durch zunehmende Apathie, Appetitlosigkeit, Nasenausfluss, Lungenentzündung oder Durchfall äußern.

Auch nervöse Störungen, etwa im Kreis laufen, Rückwärtsgehen oder eine abnorme Kopfhaltung können auf eine Herpesinfektion hinweisen. Aber auch ein plötzliches Ableben der Tiere ohne Symptome ist möglich. Das Vorhandensein von Herpesviren kann mittels Rachenabstrichen oder eines Bluttests auf Herpes-Antikörper nachgewiesen werden. Eine erfolgreiche Behandlung ist im Moment noch nicht möglich, hier gilt: Vorbeugung ist der beste Schutz, besonders wenn ein Schildkrötenhalter bereits viele Zuchttiere besitzt. Daher sollte unbedingt eine angemessene Quarantäne bei Neuzugängen von wenigstens einem Jahr eingehalten werden, auch wenn Herpesviren manchmal schon nach 6-8 Wochen nachgewiesen werden können. Während der Quarantänefrist sind mehrere Bluttests auf Antikörper durchzuführen.

Nahrungsverweigerung nach der Winterruhe, Posthibernale Anorexie (PHA)

Landschildkröten sollte nach Beendigung der Winterruhe zuerst einmal gebadet werden damit sie ihren Flüssigkeitshaushalt ausgleichen können. In der Regel nehmen sie wenige Tage nach dem Erwachen aus der Winterruhe erstmals wieder Nahrung zu sich, falls nicht, kann eine sog. PHA vorliegen. Diese äußert sich u.a. in sehr tiefliegenden Augen, trockener Haut und einem Gewichtsverlust von über 10%. Auch Nasenausfluss, verklebte Augen und ein geröteter Bauchpanzer können auf eine PHA hinweisen.

Hervorgerufen wird die PHA durch eine zu warme oder zu trockene Überwinterung oder das Einwintern geschwächter Tiere, deren Krankheit zum Einwinterungszeitpunkt noch nicht offensichtlich ausgebrochen war. Eine leichte PHA lässt sich meist durch warme Bäder, Mineralwasser- oder Ringerlösungsgaben, Bestrahlung mit hellen Leuchtmitteln und UV-Strahlung sowie optimalen Klimabedingungen im Terrarium (um 30°C Lufttemperatur) kurieren. Vorsorglich sollte ein reptilienkundiger Tierarzt aufgesucht werden, um die nötigen Schritte zu besprechen. Antibiotikagaben oder Multivitaminspritzen können dagegen fatale Auswirkungen haben und sollten generell nur nach tierärztlicher Verordnung verabreicht werden.

Vitamine

Die **Hypervitaminose A** ist die Folge von überdosierten Vitamingaben durch den Pfleger übers Futter oder ins Trinkwasser oder durch vom Tierarzt verabreichte Aufbauspritzen. Durch hohe Vitamin-A-Dosierung kommt es zu Ablösungen der Haut an Kopf, Schwanz und Gliedmaßen mit darunter liegenden bakteriellen Infektionen, aber auch zu inneren Blutungen und Organschädigungen. Ursächlich hierfür ist, dass Vitamin A-Gaben bei Schildkröten u. a. die Häutung auslösen, bei Überdosierung wird daher ein ständiger Häutungsvorgang induziert.

Der genaue Bedarf an **Vitamin D_3** für Landschildkröten ist nicht bekannt, weshalb auch keine Dosierungsangaben für Mineralien-Vitaminpräparate gegeben werden können. Die Vorstufen von Vitamin D_3 werden mit der Nahrung aufgenommen. Unter UV-B-Strahlungseinfluss wird in der Haut daraus Vitamin D_3 gebildet, auch Nieren und Leber sind daran beteiligt.

Bei einem **Vitamin D_3-Überschuss** wird anfangs Knochengewebe abgebaut und vermehrt unfertiges Knochengewebe gebildet (DENNERT 2004). Später werden dann verstärkt Mineralstoffe in dieses Knochengewebe eingebaut was zu einer Knochenverdichtung (Osteomalazie) führt. Kalzium wird an falschen Stellen im Körper eingelagert (siehe Gicht). Eine Überversorgung mit Vitamin D_3 kann ähnliche Symptome wie ein Vitamin-D_3-Mangel hervorrufen.

Kalzium (Ca)

Kalzium ist u.a. wichtig für die Blutgerinnung, div. Enzymaktivitäten, die Reizleitung der Nerven, die Muskelkontraktion und vor allem für den Aufbau des Skelettes. Nach MEYER sind 85% des Kalziums und des Phosphors im Schildkrötenkörper im Skelett, etwa im Verhältnis Ca:P von 2:1, gebunden. Auch Kalzium kann überdosiert werden! Bei Kalziumüberschuss und Vitamin D_3-Mangel wird dem Körper Phosphor entzogen, bei Kalzium- und Vitamin D_3-Überversorgung wird Kalzium nicht nur ins Skelett sondern auch in Organe und Gefäße eingelagert. Schädigungen der Tiere können einfach vermieden werden indem dafür gesorgt wird, dass ihnen stets Kalk in Form von Sepiaschulp-Stückchen (enthält 41% Ca) oder Eierschalenbröseln (36% Ca) separat! zu ihrer freien Verfügung steht. Zudem ist für eine ausreichende UV-B-Bestrahlung (z.B. Sonne oder 300 W-Ultra-Vitalux) zu sorgen.

Das tägliche Bestreuen des Futters mit Kalziumpulver, Vitamin D3-Mineralienmischungen oder Multivitamin-Mineralienmischungen schadet oft mehr als es nützt. Eine Überdosierung von Vitamin D_3 ohne ausreichende Kalziumgaben übers Futter kann ebenso fatale Folgen haben wie ein Vitamin D_3-Mangel.

Eine Höckerbildung entsteht meist durch zu schnelles Wachstum und/oder zu trockene Haltung. Sie ist nicht wieder rückgängig zu machen.

Nicht mehr heilbar: Eine völlig deformierte weiche Schildkröte durch falsche Haltungsbedingungen.
Fotos: U. Dost

Phosphor (P)

Phosphor wird für den Aufbau von Eiweißen, Enzymen und dem Erbgut benötigt. Ferner spielt es eine wichtige Rolle beim Aufbau der Skelettsubstanz und als Energieträger und -speicher im Körper. Das Kalzium/Phosphor-Verhältnis Ca:P der Nahrung sollte mindestens 1:1, besser jedoch 2:1 und mehr betragen. Bei ungünstigem Ca:P-Verhältnissen, von unter 1:1 wird aus dem Skelett Ca herausgelöst und es kommt zu Knochen- und Panzererweichung bei den Schildkröten.

Rachitis und Osteomalazie

Rachitis ist meist die Folge von Vitamin D_3- und/oder Kalzium-Mangel. Ohne genügende Kalkaufnahme über die Nahrung bzw. fehlender UV-B-Bestrahlung wird kein Vitamin D_3 in der Haut gebildet. Dadurch kann ins Knochengewebe nicht genügend Kalk eingebaut werden; es kommt dann zu Wirbelsäulen-, Kiefer-, Gliedmaßen- und Panzerverformungen. Auch ein Phosphormangel kann hierfür die Ursache sein. Bei Jungtieren wird diese Mangelerscheinung Rachitis genannt, bei erwachsenen Tieren (vor allem bei Weibchen nach der Eiablage aufgrund des Kalkverbrauches für die Eischalenbildung) Osteomalazie (Knochenerweichung).

Gicht

Harnsäure, das Abbauprodukt des Aminosäuren- und Eiweißstoffwechsels wird bei Schildkröten über die Niere ausgeschieden. Bei Störungen des Harnsäurestoffwechsels, verursacht durch Wassermangel, übermäßige Aufnahme von tierischem Eiweiß oder Nierenfunktionsstörungen, kommt es zu einer Ablagerung von Harnsäurekristallen in Gelenken (Gelenkgicht), Eingeweiden (Visceralgicht) und vor allem in den Nieren (Nierengicht). Fallen die Nieren durch übermäßige Harnsäureablagerungen aus, stirbt das Tier. Eine Heilung von Gichterkrankungen ist kaum möglich, hier hilft nur Vorbeugung durch artgerechte Ernährung bzw. eine medikamentöse Stabilisierung des gegenwärtigen Zustandes.

Fettleber

Durch eine zu reichliche und/oder ungeeignete bzw. einseitige Ernährung ohne ausreichend Bewegung kann es zu massiven Fetteinlagerungen in die Leberzellen kommen. Die Leberzellen lagern in ihre Vakuolen vermehrt Fett ein, bis letztendlich die Leberzellen irreversibel geschädigt sind und degenerieren. Dabei kommt es bei plötzlichem Stress zum Tod durch Kreislaufversagen, ohne dass vorher deutliche Krankheitssymptome beobachtet wurden. Vorbeugend hilft neben der abwechslungsreichen Ernährung mit hochwertigen Futtermitteln auch das gelegentliche Einstreuen von Fastentagen.

Legenot

Kann ein Weibchen seine beschalten Eier nicht innerhalb eines bestimmten Zeitraumes ablegen spricht man von Legenot. Die Legenot kann verschiedene Ursachen haben: neben Erkrankungen des Weibchens, Stress (etwa durch Transport, Umsetzen, andere Terrarieninsassen), dem Fehlen eines geeigneten Ablageplatzes (ungeeignete Bodentemperatur und –feuchtigkeit oder fehlende Substrattiefe), Auszehrung, Eianomalien (häufig bei unbefruchteten oder überlagerten Eiern) oder Kalziummangel. Schildkrötenweibchen produzieren übrigens auch ohne Gesellschaft von Männchen Eier. Wird bei Legenot nicht eingeschritten, stirbt das Weibchen später an den Infektionen, hervorgerufen durch eitrige Entzündungen der sich zersetzenden Eier, die nicht mehr vom Körper resorbiert werden können. Bei Schildkrötenweibchen können nur Röntgenaufnahmen sicher zeigen ob alle Eier abgelegt wurden. Der Tierarzt kann, wird die Legenot rechtzeitig erkannt, durch Oxytocin- und Kalziumgaben die Eiablage einleiten.

Erkrankungen durch Einzeller und Würmer

Amöben (*Entamoeba invadens*) dringen in Darmzellen ein und durch Sekundärinfektionen kommt es zu blutigen Darmentzündungen (Amöbiasis oder Amöbenruhr). Landschildkröten können lange Zeit Amöben ausscheiden ohne selbst zu erkranken. Besonders wenn ein Terrarianer neben Landschildkröten noch Wasserschildkröten, Echsen und Schlangen hält, stellt das eine potentielle Ansteckungsgefahr für die anderen Pfleglinge dar. Vor einer Vergesellschaftung sind die Landschildkröten auf Amöben hin zu untersuchen. Neben den pathogenen Amöben (*Entamoeba invadens*) gibt es aber im Schildkrötendarm auch ungefährliche Amöben – Sachverstand ist also hier bei der Diagnostik gefordert und nicht jede Amöbe sollte mit Medikamenten bekämpft werden.

Nach JAROFKE & LANGE (1993) können sich Schildkröten übers Wasser oder Futter mit *Hexamita parva* infizieren. Die **Hexamiten** nisten sich in mit dem Darm in Verbindung stehende Organe, bevorzugt in die Nieren, ein. Als Folge davon magern betroffene Tiere ab und werden schließlich apathisch. Erkannt werden kann ein Hexamitenbefall am trüben, griesigen Harn. Ohne Behandlung tritt nach mehreren Wochen der Tod ein. Wird bei einem Tier ein Hexamitenbefall festgestellt, ist der ganze Bestand zu behandeln.

Oxyuren (Madenwürmer) können bei Massenbefall einen Darmverschluss hervorrufen. Aktive Tiere sind weniger davon bedroht, sie scheiden die Würmer aus, besonders wenn rohfaserreiche Nahrung verfüttert wird. Dagegen können während der Ruhephase sich stark vermehrende Madenwürmer einen Darmverschluss verursachen. Ferner schädigen die Stoffwechselprodukte der Oxyuren den Wirt bzw. führen zu Irritationen, lösen etwa eine Unruhe aus (z.B. bei der Vorbereitung auf die Winterruhe). Durch die orale Gabe von Antiwurmmitteln können die Oxyuren einfach bekämpft werden.

Spulwürmer (Askariden) können 8-12 cm lang werden. Sie können Schädigungen der Darmschleimhaut hervorrufen, die zu Sekundärinfektionen führen, aus denen sich u.U. schließlich sogar Darmgeschwüre entwickeln.

Sehr altes Weibchen.   Foto: U. Dost

Während bei vielen anderen Tieren die Übertragung der Spulwürmer über einen Zwischenwirt erfolgt, können sie sich Askariden bei Schildkröten direkt entwickeln. Sie kommen vor allem bei Wildfängen vor. Spulwürmer können durch Panacurgaben, entsprechend den Dosierungsangaben des Tierarztes, leicht entfernt werden.

Lebenserwartung

Griechische Landschildkröten können, vor allem in menschlicher Obhut sehr alt werden. Die durchschnittliche Lebenserwartung liegt bei 60-80 Jahren. OBST (1985) nennt verbürgte Altersangaben von 59 bis 70 Jahren sowie 120 Jahre von einem Tier aus London. WEGEHAUPT (2003) gibt ein erreichbares Alter von über 100 Jahren an. NÖLLERT (1992) gibt für *T. h. boettgeri* 115 Jahre als verbürgtes Alter an. Landschildkröten sind also wahrlich eine Anschaffung fürs Leben, vorausgesetzt sie werden nicht frühzeitig durch Haltungsfehler zu Tode gepflegt.

Kot mit starkem Wurmbefall.   Foto: U. Dost

Winterruhe

Warum eine Winterruhe?

Die Frage ob Schildkröten eine Winterruhe benötigen, lässt sich einfach mit einem klaren Ja beantworten. In ihren natürlichen Lebensräumen müssen alljährlich alle Schildkröten, egal welchen Alters, Erwachsene wie frisch geschlüpfte Jungtiere, jedes Jahr eine Winterruhe halten.

Da eine Überwinterung im Freiland risikoreich sein kann, ziehe ich für meine Schildkröten die kontrollierte Überwinterung im Haus vor.   Foto: U. Dost

✓ Die Winterruhe ist Bestandteil des Lebenszyklus wechselwarmer Tiere der gemäßigten Breiten. Natürlich schwankt die Länge der Winterruhe je nach Herkunft der Tiere und den dort vorherrschenden Klimabedingungen. Der Winter in Südfrankreich oder in Küstennähe in Griechenland ist milder als tief im Bergland im Inneren des Balkans und dort können die Schildkröten bei Wärmeeinbrüchen durchaus auch im Winter aktiv werden (STUBBS & SWINGLAND 1985).

✓ Wenn geschlechtsreife Griechische Landschildkröten nicht kühl überwintert werden, kann der Nachzuchterfolg ausbleiben, da der Jahresrhythmus und der Hormonhaushalt der Tiere durcheinander kommen.

✓ Die Winterruhe verbessert zudem sichtlich das Allgemeinbefinden, überwinterte Tiere sind robuster und lebhafter.

Winter im Freilandgehege.   Foto: U. Dost

Während der Monate der Winterruhe – Landschildkröten verfallen bei Temperaturen unter 8°C in einen Ruhezustand (die sog. Winterstarre) – verlangsamt sich der Stoffwechsel auf ein Minimum. Das Herz schlägt bei 5°C nur noch etwa 4 Mal pro Minute, unter 7°C findet keine Verdauung mehr statt weshalb eine weitestgehende Darmentleerung (geringe Reste von Rohfasern sind unproblematisch, viel an frischem Futter kann zum Tod durch Darmfäulnis führen) vor der Einwinterung unbedingt nötig ist. Natürlich findet während dieser „Auszeit" auch kein Wachstum statt, weshalb naturnah gepflegte Schildkröten deutlich länger brauchen um die Geschlechtsreife zu erreichen als „Dampfaufzuchten" im Terrarium ohne Ruhephasen bei 365 Tagen Sommer.

Gesundheitscheck vor der Winterruhe

Vor der Winterruhe müssen die Schildkröten auf ihren Gesundheitszustand hin kontrolliert werden. Kranke Schildkröten (z.B. Erkältung, starker Parasitenbefall, offene Wunden) dürfen nicht überwintert werden, bzw. müssen vorher behandelt werden. Es ist jedoch zu beachten, dass die Medikamentengabe zur Behandlung eines Innenparasitenbefalls ca. 2 Monate vor Beginn der Winterruhe abgeschlossen sein muss.

Gesundheitscheck.

Die Nasenlöcher müssen frei und trocken sein.

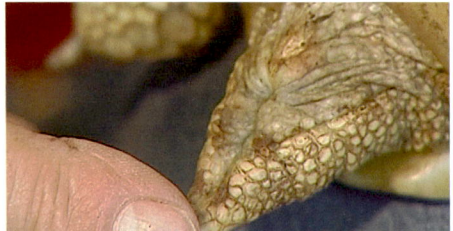

Kleine Verletzungen werden mit einer entzündungshemmenden Salbe behandelt.   **Fotos: U. Dreutler**

Vorbereitung auf die Winterruhe

Bei Freilandhaltung vor der Winterruhe

Wenn im Herbst die Tage kürzer werden und die Lichtintensität abnimmt, bereiten sich im Freiland gehaltene Schildkröten selbst auf die Winterruhe vor. Dabei kommt es bei den wechselwarmen Reptilien der gemäßigten Breiten bereits lange bevor die Tagestemperaturen deutlich abfallen zu hormonellen Umstellungen. Die Verkürzung der Tageslänge wird über das Pinealorgan im Gehirn registriert (EGGENSCHWILER 1996) und an die Schilddrüse, die für Wachstum und Stoffwechsel zuständig ist, weitergeleitet. Der Rückgang der Temperatur, vor allem die deutliche Nachtabsenkung unter 15°C führt zu einer zunehmenden Appetitlosigkeit, die Nahrungsaufnahme wird mehr und mehr reduziert und schließlich fressen die Tiere, wenn die Nachttemperatur mehrere Nächte unter 10°C fällt, überhaupt nicht mehr. Die Tiere nutzen am Tage noch die letzten Sonnenstunden um Wärme zu tanken und ihren Darmtrakt weitestgehend zu entleeren.

In unseren Breitengraden unterschreiten oft schon im September die Temperaturen nachts die 10°C-Marke. Die Schildkröten stellen die Nahrungsaufnahme daher mehrere Wochen früher ein als im Mittelmeerraum, denn etwa in Nizza treten die ersten kühlen Nächte erst Ende Oktober bis Mitte November auf. Um die Tiere nicht zu früh einwintern zu müssen, sollte an kalten, bewölkten Tagen tagsüber im Schutzhaus des Freigeheges ein lokaler Wärmespot 6-8 Stunden betrieben werden. Nachts sollte die Temperatur, etwa mittels eines Dunkelstrahlers, auf wenigstens 13-15°C gehalten werden. So können die Schildkröten die zum Teil sonnigen Spätsommertage noch ausnutzen und noch einige Wochen länger im Freigehege verweilen. Etwa ab Mitte Oktober darf die

Temperatur nachts unter 10°C fallen, nun wird kein Futter mehr gereicht. Je nach Alter benötigen die Schildkröten wenigstens 2-3 Wochen (erwachsene Schildkröten länger als Jungtiere) um ihren Verdauungstrakt weitestgehend zu entleeren. Haben sich die Schildkröten bereits eingegraben und kommen mehrere Tage nicht mehr zum Vorschein, ist die Zeit gekommen sie ins Haus zu holen. Bevor sie endgültig ihr Winterquartier beziehen, sind sie zur Kontrolle noch einmal ca. eine Viertelstunde in handwarmem Wasser zu baden.

Sehr aktive Tiere die nicht zur Ruhe kommen wollen, sind noch nicht bereit für die Winterruhe, eventuell läuft ihre innere Uhr anders, sie haben sich hormonell noch nicht auf die Winterruhe umgestellt (eventuell ist die Terrarienbeleuchtung zu lichtstark), Weibchen können noch Eier in sich tragen oder möglicherweise liegt ein anderes gesundheitliches Problem (z.B. starker Befall mit Madenwürmern) vor. In diesen Fällen sind sie wieder ins Terrarium zu überführen, gründlich zu untersuchen, ggf. zu behandeln und notfalls ist zu einem späteren Zeitpunkt ein erneuter Einwinterungsversuch zu starten.

Bei Terrarienhaltung vor der Winterruhe

Tiere, die vor der Überwinterung im Zimmerterrarium ohne jegliche Außenlichtbeeinflussung gehalten werden, müssen über einen Zeitraum von wenigstens 6-8 Wochen durch die Reduzierung der Beleuchtungsdauer und der Wärmezufuhr auf die Winterruhe vorbereitet werden. Die Beleuchtungsdauer ist der natürlichen Tageslänge anzupassen. Der folgende Plan ist als grobe Richtlinie für die Vorbereitung und Durchführung der Winterruhe gedacht.

1. – 4. Woche

Beginn: Ende September

In Deutschland kommt es etwa am 23. September zur Tag und Nachtgleiche, das heißt der Tag ist mit 12 Stunden gleichlang wie die Nacht.

- Durch die Verkürzung der Beleuchtungsdauer alle 2 Tage um eine Viertel- bzw. eine Halbestunde wird die **Beleuchtungsdauer** innerhalb von 2-4 Wochen auf etwa 8 Stunden heruntergefahren so dass Mitte/Ende Oktober die Beleuchtungsdauer etwa 8 Stunden beträgt.

Wichtig, damit die Tiere ihren Verdauungstrakt weitestgehend entleeren können, ist den **Wärmespot** noch bis kurz vor der Einwinterung, wenn auch mit deutlich verkürzter Betriebszeit, zu betreiben. Außerdem ist stets für ausreichend frisches Wasser zu sorgen.

5. Woche

Ende Oktober

- Nun verkürzt man auch die Betriebsdauer des lokalen Wärmespots auf 5-6 Stunden. Dadurch wird eine Senkung der Tagestemperatur erreicht. Im Raum des Schildkrötenterrariums sollte durch Lüften versucht werden, die Temperatur nachts deutlich abzusenken, unter 15°C wären wünschenswert.

6. Woche

- Normalerweise sollten die Tiere die Nahrungsaufnahme durch die kurze Tageslänge und die kühlen Nächte bereits deutlich eingeschränkt haben. Jetzt wird kein Futter mehr angeboten. Frisches Wasser steht nach wie vor zur Verfügung.

- Durch tägliches, nur leichtes Sprühen im Terrarium können die herbstlichen Regenfälle nachgeahmt werden.

- Die Beleuchtungsdauer wird auf 6 Stunden heruntergefahren, der Wärmespot nur noch etwa 3-4 Stunden eingeschaltet. Nachts darf die Temperatur jetzt unter 10°C fallen. Die kühlen Temperaturen sollten wenigstens 12-14 Stunden anhalten. Notfalls sind die Schildkröten über Nacht in einem kühlen Raum, z. B in einen Gewölbekeller, zu überführen.

- Die Tiere dürfen einmal wöchentlich etwa eine Viertelstunde lang in handwarmem Wasser **gebadet** werden. Sie trinken meist und entleeren ihren Darminhalt. Nach dem Bad werden sie gut abgetrocknet und unter den Wärmestrahler, der nun 3-4 Stunden betrieben wird, gesetzt, damit sie sich nicht noch kurz vor der Einwinterung erkälten.

Anmerkung zm "Baden":
Immer wieder wird polemisch angeführt, in ihren Lebensräumen, etwa in Griechenland, werden die Tiere auch nicht gebadet. Einigkeit herrscht darüber, dass Schildkröten stets genügend Wasser angeboten werden sollte. Die Tiere trinken beim Baden meist ausgiebig und entleeren gerne ihren Darminhalt.

Im Mittelmeerraum regnet es im Frühjahr und im Herbst heftig und die Schildkröten finden nach den ausgiebigen Niederschlägen in Pfützen und Lachen genügend Möglichkeiten um Wasser aufzunehmen oder gar zu "baden". Was spricht also objektiv betrachtet gegen gelegentliche Bäder? Die warmen Bäder vor der Winterruhe regen die Darmtätigkeit an und fördern so die Entleerung des Darmtraktes was dem Pfleger die Kontrolle erleichtert. Klinisch rein sollte der Darm nicht sein, sonst kommt es im Frühjahr zu Verdauungsproblemen. Werden Schildkröten jedoch mit noch prall gefüllten Därmen einfach in kühle Räume überführt, vergiften sie sich während der Winterruhe durch die bei der Zersetzung des Darminhaltes entstehenden Abbauprodukte.

Gelegentliche Bäder regen die Verdauung an und helfen Defizite im Wasserhaushalt auszugleichen. Der Wasserstand darf nur so hoch sein, dasss die Tiere noch den Kopf aus dem Wasser heben können.

7. Woche

8. Woche

- Es wird weiterhin kein Futter angeboten, jedoch stets frisches Wasser.

- Die Beleuchtungsdauer wird auf 4-5 Stunden heruntergefahren, der Wärmespot noch 2-3 Stunden eingeschaltet. Dadurch nehmen die Tagestemperaturen weiter ab, nachts sind weiterhin Temperaturen unter 10°C beizubehalten.

- Ein weiteres Bad dient der Kontrolle des Fortschritts der Darmentleerung.

- Am Ende der achten Woche werden die Tiere ein letztes Mal gebadet, um sicherzustellen, dass keine nennenswerten Nahrungsreste mehr im Darm verblieben sind. Danach werden sie noch einmal kurz unter den Wärmestrahler gesetzt, damit sie gut abtrocknen können.

- Wurde beim letzten Bad keine nennenswerte Kotmenge mehr abgegeben sind Beleuchtung und Wärmespot auszuschalten.

- Nun werden die Tiere gewogen und anschließend in den Überwinterungsbehälter überführt.

Frisches Trinkwasser steht weiterhin zur Verfügung.
Foto: U. Dost

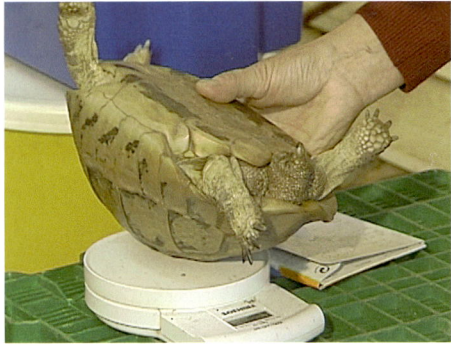

Nach dem Baden müssen die Tiere gut abtrocknen, danach werden sie gewogen und das Gewicht wird notiert. Foto: U. Dreutler

ab 8. Woche

Der Behälter wird mit Substrat gefüllt...

Der Überwinterungsbehälter

Größe: Der Überwinterungsbehälter muss den Tieren genügend Platz bieten, etwa 3 x 2 bzgl. der Panzerlänge.

Substrat: der Behälter sollte etwa der Panzerhöhe des Tiers entsprechend mit einer Mischung aus lockerer Gartenerde, Rindenhumus oder Buchenlaub-Erdemischung gefüllt werden. Nach dem Eingraben der Schildkröten kann noch eine Schicht feuchtes Buchenlaub obenauf eingebracht werden.

Anzahl der Tiere: Entsprechend der Behältergröße einzeln (etwa im Kühlschrank) oder zu mehreren (etwa in größen Wannen im Gewölbekeller) möglich.

Abdeckung: Behälter eventuell mit einem feinmaschigen Gitter sicher abdecken, bzw. weitere Absicherung vor eventuellen Nagetieren.

... die Tiere graben sich selbst ein (hier ein Blick in eine Überwinterungskiste für mehrere Tiere im Gewölbekeller).

- Die Schildkröten werden auf Buchenlaub oder lockere Erdemischung in den Behälter gesetzt.

- Haben sie sich 1-2 Tage später eingegraben, sollte noch eine Schicht feuchtes Buchenlaub (kein Eichenlaub da es zuviel Gerbsäure enthält) als Deckschicht in den Behälter eingebracht werden.

- Danach wird der Behälter in den Überwinterungskeller oder in den Kühlschrank überführt. **Die Überwinterungstemperatur liegt bei 4-6°C.**

Obenauf kommt eine Schicht leicht feuchtes Buchenlaub. Fotos: U. Dost

Die Überwinterungstempe-
ratur liegt bei 4-6°C. Über
8°C darf das Thermo-
meter nicht steigen.

Überwinterung im Keller

- Vor und während der Überwinterung ist die Temperatur (an mehreren Stellen!) genau zu kontrollieren.

- Die Kiste zur Sicherheit mit Styroporplatten gegen zu niedrige Temperaturen und Austrocknung schützen.

- Vorsichtshalber ist die Kiste mit einem Maschengitter vor Nagetieren zu schützen.

Überwinterung im Kühlschrank

- Der Kühlschrank muss erschütterungsfrei sein.

- Einige Wochen vor der Überwinterung ist mit einem Thermometer die Temperatur (an mehreren Stellen! genau zu kontrollieren).

- Die Überwinterungsbehälter dürfen nicht direkt hinten an der Kühlschrankwand oder unten auf dem Boden stehen (Frostgefahr!)

Häufig sind Schildkrötenneulinge völlig überrascht, wenn sie hören ihre Tiere sollen im Kühlschrank überwintern. In heutigen Neubauten sind jedoch die Kellerräume selten so kalt wie die Gewölbekeller mit Naturboden in früheren Tagen. Damit die Tiere in der Winterstarre verbleiben und fest und gleichmäßig ruhen können, bietet sich ein Kühlschrank in Ermanglung anderer Orte mit über Wochen konstant gleich bleibend niedrigen Temperaturen zwischen 4-6°C als ideales Überwinterungsquartier an.

Diese Schildkröte befindet sich in der
Winterstarre.   Foto: U. Dost

Kontrolle während der Winterruhe

• Die Überwinterungsbehälter sind in regelmäßigen Abständen (etwa einmal pro Woche genügt), auf ihren Feuchtigkeitsgehalt (feucht heißt nicht nass!) hin zu kontrollieren und ggf. etwas nachzufeuchten. In leicht feuchtem Substrat verlieren Schildkröten kaum an Gewicht während der Winterruhe sondern können z.T. durch Wasseraufnahme noch an Gewicht zunehmen.

• gleichzeitig dient die wöchentliche Kontrolle der Lüftung des Überwinterungsbehälters.

• Etwa alle 3-4 Wochen können die Tiere gewogen werden (das kurze Handling stört die Tiere nicht) um Gewichtsverluste rechtzeitig zu erkennen. Hat ein Tier über 10% an Gewicht verloren, ist es sofort auszuwintern.

Ende März - Ende der Winterruhe

• Wenn Ende März die Temperaturen wieder ansteigen und der Frühling Einzug hält, ist es an der Zeit die Überwinterungskiste aus dem Keller oder dem Kühlschrank zu holen und in einen kühlen! Raum in der Wohnung zu stellen. Mit dem allmählichen Ansteigen der Substrattemperatur auf 10-15°C erwachen die Schildkröten und kommen bald zur Oberfläche.

• Nun werden sie zur Kontrolle auf Gewichtsverlust gewogen. Ein Gewichtsverlust von bis zu 5% ist unbedenklich, bei mehr als 5% wurden die Schildkröten zu trocken überwintert, bei mehr als 10% Gewichtsverlust ist baldmöglichst ein reptilienkundiger Tierarzt aufzusuchen.

• Nach ihrem Erwachen aus dem Starrezustand hilft ein warmes Bad einen eventuellen Wasserverlust auszugleichen und die Schleimhäute des Verdauungstraktes zu aktivieren.

• Danach werden sie ins Terrarium überführt. In der ersten Woche wird die Beleuchtungsdauer auf etwa 7-8 Stunden eingestellt, anfangs genügt es, den Wärmespot 3-4 Stunden einzuschalten, um auch im Terrarium den Frühling zu simulieren und die Tiere nicht gleich Hochsommerbedingungen auszusetzen. Einige Tiere fressen bereits nach wenigen Stunden, andere erst nach ein paar Tagen.

• Etwa alle 2-3 Tage wird nun die Betriebsdauer sowohl der Beleuchtung als auch des Wärmespot um eine Viertelstunde Stunde verlängert.

Die Dauer der Winterruhe richtet sich nach der Unterart:

Testudo hermanni hermanni:
etwa 3 Monate

Testudo hermanni hercegovinensis:
3-4 Monate

Testudo hermanni boettgeri:
je nach Herkunft 3-5 Monate

Ende März erwachen die Schildkröten aus der Winterruhe. Sie werden nun langsam (über mehrere Wochen an wärmere Temperaturen gewöhnt).   Foto: U. Dost

Zeitliche Übersicht für die Winterruhe

Art	September	Oktober	November	Dezember	Januar	Februar	März	April
Testudo h. hermanni	——	Vorbereiten	Vorbereiten	4-6°C	4-6°C	4-6°C	langsam auswintern	——
Testudo h. hercegovinensis	Vorbereiten	Vorbereiten	ab Mitte Nov. 4-6°C	4-6°C	4-6°C	4-6°C	ab Mitte langsam auswintern	——
Testudo h. boettgeri	Vorbereiten	Vorbereiten	3-6°C	3-6°C	3-6°C	3-6°C	3-6°C	langsam auswintern

Fortpflanzung

Geschlechtsunterscheidung

An *Testudo hermanni*-Jungtieren kann in den ersten 2-3 Jahren bei naturnaher Aufzucht, d.h. mit durchgeführter Winterruhe, keine eindeutige Geschlechtsbestimmung vorgenommen werden. Nach einer Tabelle von DEVAUX (1988), abgebildet in KIRSCHE (1997), wachsen Jungtiere von *T. h. hermanni* beider Geschlechter gleichmäßig innerhalb von 6-7 Jahren auf etwa 10 cm Größe heran.

Von da ab wachsen Weibchen schneller weiter als die Männchen und mit jedem Jahr wird der Größenunterschied deutlicher sichtbar. Beim Baden von Jungtieren Tiere in lauwarmem Wasser kann es vorkommen, dass, falls sie beim Herausheben aus dem Wasserbad senkrecht gehalten werden, sich ihre Geschlechtsorgane ausstülpen. Dabei kann der Penis bei oberflächlicher Betrachtung leicht mit der weiblichen Klitoris verwechselt werden.

ROGNER (2005) gibt an, bei seinen *T. h. boettgeri* und *T. h. hecegovinensis* Nachzuchten ab einer Panzerlänge von 10 cm die sekundären Geschlechtsmerkmale, etwa die unterschiedliche Ausbildung der Panzerformen, zu erkennen. Bei den Männchen, die kleiner bleiben als die Weibchen, wachsen die Randschilde

Beim Weibchen bleibt der Hornnagel am Schwanzende kleiner als beim Männchen (*Testudo hermanni boettgeri*). Foto: U. Dost

Penis einer *Testudo hermanni boettgeri*. Foto: U. Dost

Penis einer *Testudo hermanni boettgeri* (Seitenansicht). Foto: U. Dost

Männchen haben ein nach innen gebogenes Schwanzschild (*Testudo hermanni boettgeri*).

Testudo hermanni boettgeri (Seitenansicht).

v.l.n.r.: oben: *Testudo h. boettgeri* (W), *Testudo h. hercegovinensis* (W), *Testudo h. hermanni* (W)
v.l.n.r.: unten: *Testudo h. boettgeri* (M), *Testudo h. boettgeri* (M)   Fotos: U. Dost

über den Hinterbeinen stärker nach außen während der Schwanzschild sich mehr nach innen biegt, weshalb sie von oben betrachtet eher trapezförmig erscheinen. Der Schwanz sowie der Endnagel der Männchen werden deutlich größer als beim Weibchen. Der Bauchpanzer der Weibchen bleibt eben. Die für ältere Männchen typische konkave Eindellung des Bauchpanzers bildet sich dagegen erst im Verlauf der Jahre aus, etwa ab einem Alter von 10-20 Jahren.

Der jährliche Größenzuwachs von in menschlicher Obhut gehaltenen Tieren unterscheidet sich meist deutlich von dem ihrer Artgenossen in freier Natur. Unnatürliche Haltungsbedingungen, z.B. gleich bleibende hohe Temperaturen im Terrarium – im Extremfall herrscht dort 9 bis sogar 12 Monate Hochsommer, überreiche Futtergaben sowie häufig auch zu nahrhafte Futtersorten beschleunigen das Wachstum im Vergleich zu naturnah aufgezogenen Vergleichstieren deutlich. Terrarienaufzuchten erreichen daher auch meist früher die Geschlechtsreife, da diese bei Reptilien mit

Ältere Männchen haben eine nach innen gewölbte Bauchseite. Foto: U. Dost

Weibchen einer *Testudo hermanni* boettgeri. Die Bauchseite ist nicht nach innen gewölbt.
Foto: U. Dost

dem Größenwachstum und weniger mit dem Alter zusammenhängt. Schnellwüchsige Männchen sind oft bereits mit 3-5 Jahren geschlechtsreif.

Kein Hinweis aufs Geschlecht lässt sich aus dem Beobachten eines Aufreitens bei Jungtieren ziehen. Denn nicht nur Männchen sondern auch Weibchen und sogar bereits Schlüpflinge zeigen zuweilen dieses Verhalten.

Das Aufreiten eines Jungtieres kann nicht als Hinweis auf dessen Geschlecht gelten. Foto: U. Dost

Das Wachstum wird durch die Umgebungsbedingungen beeinflusst. Foto: U. Dost

Paarung

In menschlicher Obhut gehaltene Männchen der Griechischen Landschildkröte zeigen in Deutschland häufig fast ganzjährig Balzaktivitäten. Demgegenüber berichten Feldherpetologen, etwa WILLEMSEN & HAILEY (2003) meist von zwei Hauptbalzperioden im natürlichen Lebensraum, einer im Frühjahr kurz nach dem Erwachen aus der Winterstarre sowie einer im Herbst. BIDMON (2003) bemerkt zu diesem Thema, dass kühle Nächte die Balz in den Herkunftsländern auslösen. Die Temperatur fällt nachts im Mittelmeerraum in der Regel nur im Frühjahr und im Herbst deutlich ab und die Sommernächte sind oft, wie viele Urlauber bestätigen können, den Schlaf raubend warm.

Balz: Das Männchen verfolgt das Weibchen.
Foto: U. Dost

Demgegenüber können bei uns in Deutschland auch im Sommer Schlechtwetterfronten zu einer starke Abkühlung mit sehr kühlen Nächten führen, oft wochenlang, und damit die erhöhte Balzaktivität auslösen bzw. diese immer wieder verlängern.

> Die ständigen Balzversuche können einerseits zu Verletzungen an den Beinen und an der Kloakenöffnung bei den Weibchen führen, andererseits nehmen Männchen während der Balz kaum Nahrung zu sich. Daher kann in Deutschland im Gegensatz zum Süden durchaus eine Geschlechtertrennung nötig werden um beide Geschlechter vor körperlichen Schäden zu bewahren.

Die dem Schildkrötenneuling beim ersten Mal sehr grob und rustikal erscheinende Balz der Schildkröten sollte jedoch nicht zu früh durch Trennung der Geschlechter unterbrochen werden. Denn nach WILLEMSEN & HAILEY (2003) gelingt balzenden Männchen nur in 0,36% aller Fälle eine erfolgreiche Kopulation. Schlechte Befruchtungsraten könnten also u.a. auch aus einer zu frühzeitigen Geschlechtertrennung resultieren.

Das Männchen beißt das Weibchen in die Vorderbeine, um es zum Stehenbleiben zu bringen. Foto: U. Dost

Paarung (*Testudo hermanni boettgeri*).
Foto: U. Dost

Im Frühjahr, oft bereits kurz nach dem Erwachen aus der Winterruhe beginnen die Männchen mit den ersten Annäherungsversuchen. Ausdauernd und beharrlich verfolgen sie die Weibchen und umkreisen und beschnüffeln sie. Dann beginnen sie damit, die Auserwählte durch Bisse in die Beine und den Kopf sowie durch Rammstöße zum Anhalten zu bewegen. Paarungsbereite Weibchen verharren still, ziehen die Vorderbeine sowie den Kopf in den Panzer ein, und heben den Hinterteil vom Boden ab. Nun umläuft das Männchen das Weibchen flink und versucht von hinter her aufzureiten.

Es führt den Schwanz in tastenden Bewegungen unter die Kloakenöffnung des Weibchens, öffnet mit dem Hornnagel die Kloake des Weibchens und führt seinen Penis ein. Dabei vollführt das Männchen mit weit aufgerissenem Maul und heraushängender Zunge, mit scheinbar wollüstigem Ausdruck, kurze Stoßbewegungen. Mit jedem Stoß wird Luft aus den Lungen gepresst was deutlich vernehmbare Pfeiftöne erzeugt. Eine Kopulation kann durchaus mehrere Minuten andauern. Paarungsunwillige Weibchen heben den Panzer nicht vom Boden ab, häufig versuchen sie nach kurzem Innehalten plötzlich die Flucht zu ergreifen. Eine erfolgreiche Kopulationen ist an den weißlich- schleimigen Resten an den Kloakenöffnungen zu erkennen.

Die Weibchen verpaaren sich mehrfach und mit unterschiedlichen Männchen. In älterer Literatur wird immer wieder berichtet, das Weibchen nach der Trennung von den Männchen weiterhin Gelege absetzen, wobei die Befruchtungsrate abnimmt. Andererseits kommt es nach kühlen Frühjahren oft zu sehr schlechten Befruchtungsraten. Dies spräche sowohl gegen eine Vorratsbefruchtung als auch gegen die große Bedeutung der Herbstpaarungen für gute Nachzuchterfolge. Häufig kann beobachtet werden, dass auch Weibchen versuchen, sich gegenseitig zu besteigen. VINKE & VINKE (2004) deuten dieses Aufreiten im Spätsommer als Beginn der Paarungsbereitschaft der Weibchen und setzen dann die Männchen, die sonst extra gehalten werden, dazu.

Trächtigkeit

In den Eierstöcken von Reptilien reifen mehrere Eizellen gleichzeitig heran. Nachdem sie durch Aufnahme von Dotter um ein Vielfaches ihrer Ursprungsgröße angewachsen sind, erfolgt der Eisprung und sie gelangen über die Leibeshöhle in den Eileiter. Dort erfolgt die Befruchtung und unmittelbar darauf beginnt die Eizelle sich zu teilen. Die Eizellen werden zuerst mit einer Schicht Eiklar umhüllt und danach mit Eiweißfasern. Nach KÖHLER (2004) benötigt der Prozess der Eimembranbildung mehrere Tage. Schließlich werden mehr und mehr Kalkkristalle auf die Eimembran aufgelagert, sie durchwirken die Membran und verwachsen allmählich zu einer stabilen Eischale. Bis zur Ablage vergehen meist 2-4 Wochen, im Extremfall nach ROGNER (2005) gar nur 10 Tage. Im Gegensatz zu anderen Reptilienarten erkennt man bei Landschildkrötenweibchen aufgrund ihres starren Panzers keine Vergrößerung des Leibesumfanges im Verlauf der Trächtigkeit. Ob ein Tier trächtig ist, etwa bei Verdacht auf Legenot, kann nur ein reptilienkundiger Tierarzt durch eine eingehende Untersuchung, z.B. durch Röntgenaufnahmen, klären.

Zur ersten Eiablage kommt es meist im Frühsommer, April bis Juni, bereits 2-3 Wochen später kann ein Zweitgelege abgelegt werden. In guten Jahren können *T. h. boettgeri*-Weibchen sogar ein drittes Gelege absetzen.

Die meist rundovalen Eier messen zwischen 26,5 und 33 mm. Die Größe der Eier hängt neben der Größe des Weibchens auch vom Gelegeumfang ab. Werden viele Eier abgelegt, sind diese meist deutlich kleiner als wenn nur wenige Eier produziert werden. Junge Weibchen legen weniger Eier ab als ältere.

Gelegegröße

Testudo hermanni hermanni
legt nach WEGEHAUPT (2003) je nach Herkunft 2-8 Eier pro Gelege ab. Die Größe der Eier variiert zwischen 26-40 mm, ein Zweitgelege nach 2-4 Wochen ist möglich.

Testudo hermanni hercegovinensis
legt nach VINKE & VINKE (2004) meist nur ein Gelege mit 3-5 Eiern ab, max. 8, in sonnigen Jahren ist ein Zweitgelege mit 1-2 Eiern möglich.

Testudo hermanni boettgeri
legt nach ROGNER (2005) durchschnittlich 9-10 Eier, nach KIRSCHE (1997) 5-8, max. 14 Eier.

Gelege von *Testudo hermanni boettgeri*.
Foto: U. Dost

Eiablage

Meist reduzieren die Weibchen einige Tage vor der Eiablage die Nahrungsaufnahme auffällig bzw. stellen sie ganz ein. Verschiedene Schildkrötenhalter haben beobachtet, dass Weibchen in den Tagen vor der Eiablage ein männliches Benehmen aufweisen, d.h. sie versuchen aufzureiten, vollführen Kopulationsbewegungen und stoßen dabei die typischen pfeifenden Geräusche aus. Das Aufreiten von Weibchen und Jungen habe ich selbst oft beobachtet, allerdings ist es bei mehreren Weibchen kaum möglich, genau darauf zu achten ob speziell das aufreitende Weibchen auch Tage später Eier abgelegt hat.

Vor der bevorstehenden Ablage werden die Weibchen auffällig unruhig, laufen aufgeregt im Gehege umher und unternehmen mehrere Probegrabungen. Ständig beriechen sie den Boden, um eine geeignete Eiablagestelle ausfindig zu machen. Ist endlich der richtige Platz gefunden (nicht immer der Ablagehügel), beginnen sie auf die Vorderbeine gestützt, mit den Hinterbeinen eine mehrere Zentimeter tiefe Grube auszuheben. Die Hinterbeine werden dazu sehr geschickt im Wechsel eingesetzt. Erreichen die Krallen der Hinterbeine nicht mehr den Boden, verharren die Weibchen und warten auf das Einsetzen der Wehen. Die deutlich zu erkennenden Pressbewegungen werden durch das Einziehen und Ausstrecken des Kopfes unterstützt. Mit den Hinterbeinen werden die Eier vorsichtig an die richtige Stelle dirigiert.

Nach einer kleinen Pause schiebt das Weibchen die ausgehobene Erde wieder mit den Hinterbeinen sorgfältig in die Grube zurück. Immer wieder wird mit stampfenden Bewegungen die Erde festgedrückt. Nachdem die Grube verschlossen ist wird unter zu Hilfenahme des Bauchpanzers der Bereich um die Grube sorgfältig geglättet. Schließlich werden noch umliegende Substratteilchen,

Eiablage: Die Grube wird ausgehoben ...

... während der Eiablage ...

... die Grube wird zugeschüttet ...

Fotos: U. Dost

... der Boden wird festgestampft...

Nachdem der Pfleger die Eiablagestelle gefunden hat, werden die Eier vorsichtig freigelegt. Am besten noch in der Eigrube wird die Oberseite der Eier mit einem weichen Bleistift markiert.

Foto: U. Dreutler

... die letzten Spuren verwischt ...   Fotos: U. Dost

Steinchen, Holzstücke u.ä. darüber verteilt und sorgfältig alle Spuren der Ablage verwischt. Mit wackligen Beinchen läuft das Weibchen sichtlich gezeichnet noch eine Zeit lang unruhig umher bevor es zur Ruhe kommt. Normalerweise sind am nächsten Tag die Strapazen überwunden und die Weibchen beginnen wieder kräftig zu fressen.

Einige Weibchen lassen sich bei der Eiablage nicht aus der Ruhe bringen, andere brechen die Ablage sofort ab wenn sie bemerken, dass sie beobachtet werden. Damit die Weibchen in der Abwesenheit des Pflegers ihre Eier nicht unauffindbar vergraben, kann daher an den bevorzugten Ablagestellen, etwa auf dem extra dafür aufgeschütteten Ablagehügel, die Oberfläche mit andersfarbigem Substrat, etwa hellem Sand bestreut werden. Trotz aller Perfektion bei der Tarnung kann das Schildkrötenweibchen die vormalige Schichtenfolge nicht mehr herstellen, was die Gelegesuche erheblich vereinfacht (selbstredend nur wenn täglich kontrolliert wird).

... schließlich wird der Eiablageplatz verlassen.

Fotos: U. Dost

Die Eier werden vorsichig aus der Grube genommen ...

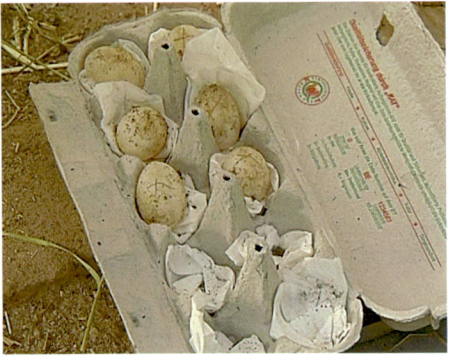

... und können zunächst erstmal (ohne sie zu verdrehen) in einen Eierkarton überführt werden.

Eier im Inkubationsbehälter.　　Fotos: U. Dreutler

Inkubation

In Deutschland erreicht nur in Ausnahmejahren (wie etwa 2003) die Temperatur über Wochen so hohe Werte, dass eine natürliche Erbrütung der Eier in Freiland gelingt. Meist müssen daher Brutapparate zur Erbrütung eingesetzt werden. Der Pfleger sollte abwarten bis das Weibchen die Grube verschlossen, getarnt und damit das Brutgeschäft seinen Instinkten folgend beendet hat.

Nachdem das Weibchen den Ablageplatz verlassen hat schreitet man zur Bergung der Eier. War man bei der Ablage zugegen, ist weniger Vorsicht beim Bergen der Eier nötig, denn kurze Zeit nach der Ablage bleiben Veränderungen der Lage der Eier ohne Folgen. Anders verhält es sich, wenn der Zeitpunkt der Eiablage unbekannt ist, dann ist Vorsicht beim Öffnen der Ablagegrube angesagt. Die freigelegten Eier werden behutsam auf der Oberseite mit einem weichen Bleistift markiert. So ist beim Handhaben stets die Oberseite klar zu erkennen und ein Drehen um die Horizontalachse kann vermeiden werden. Dies ist nötig, da der Dotter in den Stunden nach der Eiablage aufgrund seines höheren spezifischen Gewichts im Vergleich zum Zytoplasma nach unten sinkt und der Embryo letztlich umgeben vom Eiklar auf dem Dotter oben aufschwimmt. Im ersten Drittel der Inkubationszeit bringen Drehungen um die Horizontalachse den Embryo unter den Dotter. Da er nicht mehr nach oben zurückkehren kann führt dies schließlich zu seinem Absterben.

Viele Schildkrötenzüchter schwören auf ihre z.T. skurrilen Brutmethoden oder aus ungewöhnlichen Materialien gefertigten Brutapparate. Die hartschaligen Eier der Landschildkröten müssen nicht wie weichschalige Reptilieneier in feuchtes Substrat gelegt werden. Es genügt vollkommen, sie in eine zur Hälfte mit trockenem Substrat, etwa Sand oder Erde, gefüllte offene Schale zu legen. Dazu werden die Eier etwa bis zur Hälfte ins Substrat eingebettet, damit sie beim Hantieren am Brutapparat nicht umherrollen können. Staunässe im Substrat und Tropfen von Kondenswasser auf die Eischale sind auszuschließen, denn sie führen zu Verlusten durch Schimmelbildung. Trotz trockenem Substrat sollte die relative Luftfeuchtigkeit im Brutbehälter für *T. hermanni*-Gelege wenigstens 80% betragen, weshalb immer für genügend Wasser im Brutapparat, etwa durch Wasserschalen, zu sorgen ist. Bei zu niedriger Luftfeuchtigkeit können die Jungen absterben. Beispielsweise starben bei Vinke & Vinke (2004) bei 60% rel. Luftfeuchtigkeit viele *T. h. boettgeri*-Jungtiere kurz vor dem Schlupf im Ei ab.

Einige Züchter verwenden zur Aufnahme der Eier auch Schaumstoffmatten mit der Größe der Eier entsprechenden Aussparungen, in denen sie stabil liegen, oder sogar handelsübliche Eierkartons. Der Handel bietet eine Auswahl an Brutapparaten mit präzisen Thermostaten, die oft günstiger sind als die Einzelteile zum Eigenbau. Die früher mangels Anbieter im Eigenbau aus einem wasserdichten Behälter und einem Aquarienheizer zusammen gebastelten Brutapparate funktionieren natürlich auch, sind allerdings wegen der träge reagierende Aquarienheizer weniger präzise als Thermostat gesteuerte Brutapparate.

Der **Temperaturbereich,** innerhalb dessen sich die Embryos von *Testudo hermanni* erfolgreich entwickeln, liegt nach Rogner (2005) zwischen 23-35°C. Nach Obst (2003) schlüpfen bei einer Durchschnittstemperatur von 22°C (bei kurzzeitigen Extremwerten von 15-38°C) nach 93 Tagen die Jungschildkröten. Nun müssen diese Extremwerte nicht nachgestellt werden, jedoch zeigen sie, dass gewisse Schwankungen kein Grund zur Sorge sind, etwa falls das Thermostat einmal ausfällt. Die **Inkubationsdauer** schwankt je nach Unterart und Bruttemperatur ohne größere Nachtabsenkung der Temperatur zwischen 51 und 73 Tagen (Vinke & Vinke 2004).

Rogner nennt eine Entwicklungsdauer im natürlichen Lebensraum von 90- 115 Tagen für *T. h. hermanni* in Südfrankreich bzw. in Korsika sowie 110-124 Tagen für *T. h. boettgeri* in Rumänien. Die im Vergleich zur künstlichen Erbrütung deutlich längere Entwicklungsdauer hängt mit den Temperaturschwankungen, z.B. Schlechtwetterperioden und/oder der Nachtabsenkung der Temperatur im Bruthügel im Lebensraum zusammen. Auf einer Internetseite fand ich dazu eine graphische Darstellung der Bruttemperaturen in den Legehügeln der Griechischen Landschildkröte von Bernd Pitzer. Dessen Temperatur-

Tropfscheibe (Vermeidung von Kondenswasser auf Eiern)

Aquarium

Styroporverkleidung

Wasser

Heizmatte oder regelbarer Aquarienheizer)

Ziegelstein

Skizze eines Inkubators zum Selbstbauen.

Eier im Inkubator aus dem Handel. Foto: U. Dost

diagramm zufolge fiel nach einem Gewitter im südfranzösischen Gonfaron am 9. Juli die Bruttemperatur in der Gelegehöhle von *T. h. hermanni* auf etwa 18°C, im Legehügel eines *T. h. boettgeri*-Geleges in Platamonas/ Griechenland am 2. Juli morgens um ca. 6 Uhr gar auf ca. 16°C ab. Einige Schildkrötenhalter erbrüten daher ihre Gelege mit einer Nachtabsenkung (möglich mittels eines Thermostates mit Fotozelle und Nachtabsenkung) von über 10°C.

Unbefruchtetes Ei. Der Dotter hat sich abgesetzt und keinerlei Entwicklungspuren sind sichtbar.

Temperaturabhängige Geschlechtsfestlegung

Während bei vielen Wirbeltieren das Geschlecht durch Geschlechtschromosomen bestimmt wird, ist bei einigen Reptilienarten die Bruttemperatur ausschlaggebend für die Geschlechtsfestlegung. Dies geschieht innerhalb eines gewissen Entwicklungszeitraumes am Übergang vom ersten zum mittleren Drittel der Inkubationsperiode (KÖHLER 2004). Da früher aufgrund zu niedriger Bruttemperaturangaben fast nur Männchen in menschlicher Obhut erbrütet wurden und bei der Vergesellschaftung ein Weibchenüberschuss empfohlen wird, sind Weibchen sehr gefragt und hoch im Preis (s.S. 23).

Der genaue **Temperaturscheitelpunkt,** der Punkt an dem das Geschlechterverhältnis 50:50 beträgt, ist für die drei *Testudo hermanni* Unterarten noch nicht eindeutig bestimmt worden. Je nach Autor (z.B. WEGEHAUPT 2003) werden 32,5°C für die Westrasse und Tiere der Ostrasse aus den wärmeren Küstengebieten genannt. Für Populationen der Ost-Rasse aus kühleren Gegenden wird der Scheitelpunkt mit 31,5°C angegeben. VINKE & VINKE (2004) führen an, das bei einer Bruttemperatur von 31,5°C unter all ihren Nachzuchten von *T h. hercegovinensis* nur zwei Männchen waren, woraus sie folgern, dass bei dieser Unterart der

Eier im Inkubator.   Fotos: U. Dreutler

Scheitelpunkt deutlich niedriger liegen dürfte als bei den beiden anderen Unterarten. Abschließend noch die Angaben von KÖHLER (1997) für *T. hermanni*: Inkubationstemperatur für Männchen 26–30°C, für Weibchen 33–34°C. Beachtet man die lange Entwicklungsdauer (siehe S. 81) von *T. h. hermanni* in Frankreich (bis 114 Tage) und von *T. h. boettgeri* in Rumänien (bis 125 Tage), wo ja auch beide Geschlechter auftreten, wird deutlich, dass die hohen Temperaturen sicherlich nur eine bestimmte Zeit auf die Gelege einwirken, vielleicht nur während einiger Tage? Hier bleibt noch zu erforschen, in welchem Zeitraum die Geschlechtsfixierung erfolgt.

Schlupf

In Abhängigkeit von der Temperatur erfolgt der Schlupf bei im Brutapparat ohne Nachtabsenkung inkubierten Gelegen nach 51-73 Tagen (etwas mehr als 7–10,5 Wochen). Bis außen am Ei die ersten Spuren des bevorstehenden Schlupfes sichtbar werden, haben die Schlüpflinge bereits einige Zeit mit ihrem Eizahn die Eihaut und die Innenseite der Schale bearbeitet. Zuerst sind sternförmige Risse in der Eischale zu erkennen, die jedoch bald zu einem kleinen Loch erweitert werden. Der Schlüpfling legt dann oft eine Pause ein und „schaut erst einmal hinaus in die Welt". Währenddessen wird der Dotter bis auf einen kleinen Rest in die Bauchhöhle eingezogen. Nun erweitert die Schildkröte durch Bisse und später auch unter Mithilfe der Vorderbeine die Öffnung. Nach einiger Zeit beginnen sich die Jungen zu Drehen und durch die Entfaltung des Körpers bricht die Schale oft Großflächig auseinander. Der Schlupfvorgang kann sich über 2-3 Tage hinziehen. Schlüpflinge deren Dotter noch nicht voll eingezogen ist verweilen z.T. noch in dem Resten der Eischalen. Anfangs ist noch deutlich eine Falte am Bauchpanzer zu sehen, die jedoch innerhalb der nächsten 12-24 Stunden völlig verschwindet.

Ist die Nabelöffnung geschlossen, können die Jungen in einen Aufzuchtbehälter überführt werden. Tiere mit größerem Dottersackrest werden in eine Schale, ausgelegt mit feuchtem Zellstoffpapier überführt und noch einige Stunden im Brutapparat belassen bis auch bei Ihnen die Nabelöffnung geschlossen ist. Ist der Dottersack noch sehr groß, kann das Junge auf einem Ring fixiert (z.B. mit Klebeband) werden bis der Dotter vollständig eingezogen ist. Fest anhaftende Schalenteile oder Brutsubstratpartikel lassen sich durch ein kurzes Bad in 30°C warmem Wasser oder Kamillentee lösen, oft trinken die Jungen dabei auch ausgiebig. Bis zur ersten Nahrungsaufnahme vergehen meist noch mehrere Tage.

Schlupfvorgang einer *Testudo hermanni boettgeri*.
Foto: U. Dost

Die Nabelöffnungen sind geschlossen.

Ist der Dottersackrest zu groß und muss noch aufgenommen werden ...

... wird das Tier auf einen Ring fixiert, bis der Dotter vollständig aufgenommen ist.

Zwillingsschlupf.

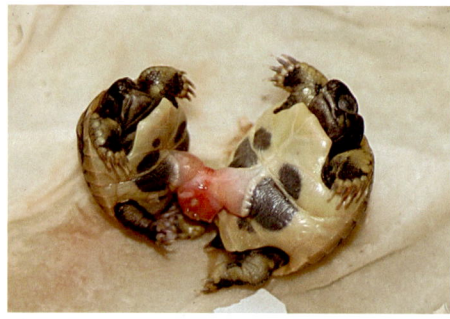

Die Zwillinge sind am Dotter verbunden, von alleine könnten sie sich nicht trennen.

Erfolgreiche Trennung.   Fotos: U. Dost

Aufzucht der Jungschildkröten

Die Jungtiere der Griechischen Landschildkröte leben in ihren natürlichen Lebensräumen in den ersten Jahren deutlich versteckter als die Erwachsenen. Bevorzugt halten sie sich im Schutz des Pflanzendickichts des verfilzten Unterholzes auf, zum Schutz vor Beutegreifern, aber auch vor der Mittagshitze. Im Gegensatz zu den ausgewachsenen Tieren sonnen sie sich meist nur kurz und verschlafen den größten Teil des Tages. Das Mikroklima im Pflanzendickicht unterscheidet sich etwas von dem des offenen Geländes, im Schutz der Vegetation sind die Temperaturen moderater bei deutlich höherer Feuchtigkeit. Im Terrarium müssen den Jungen daher viele Versteckmöglichkeiten geboten werden.

Wenige Tage altes Schildkrötenbaby.
Foto: K. Grießhammer

Um eine Höckerbildung bei der Aufzucht zu vermeiden, ist besonders wichtig, den Bodengrund im Bereich der Versteckhöhle stets leicht feucht (nicht nass!) zu halten, auf eine ausgewogene, nicht zu eiweiß- und fettreiche Ernährung zu achten und gelegentliche Fastentage einzustreuen.

Größe:

Eine Terrarien-Grundfläche von 80 x 40 cm ist für 4-5 Schlüpflinge ausreichend.

Der Boden soll im Bereich der Versteckhöhle stets leicht feucht sein. Foto: U. Dost

Bodengrund:

Als Bodengrund, der etwa 5 cm stark eingebracht werden sollte, eignen sich verschiedene Substrate, am allerbesten Mutterboden aus dem Garten. Die darin enthaltenen Mikroorganismen verhindern ein Schimmeln, und wird er versehentlich gefressen, bereitet die Ausscheidung keine Probleme. Feste Gartenerde lässt sich durch Beimengung von rundkörnigem Flusssand stellenweise auflockern. Der Handel bietet heute ebenfalls gut geeignete Terrarienerdmischungen an. Die oft empfohlene Kokoserde oder Torf haben den Nachteil, dass sie, einmal getrocknet, schlecht wieder Feuchtigkeit aufnehmen. Ferner zerfal-

Ständig müssen Sepiaschulpbröckchen im Terrarium vorhanden sein. Foto: U. Dost

Praktische flache Wasserschale aus dem Handel.

Foto: U. Dost

len beide Substrate mit der Zeit in feinste Partikel, die die Atemwege reizen können. Buchenholzspäne, Kleintierstreu, Heu und Stroh als Einlage sind allesamt zu trocken und können nicht im Bereich des Verstecks befeuchtet werden weil sie schimmeln. Katzenstreu verbietet sich von allein, es klumpt bei Feuchtigkeit, verklebt die Augen und führt, wird es verschluckt, zum Darmverschluss. Von reinem Sand wird oft abgeraten, meiner Meinung nach zu Unrecht. Generell ist Sand nicht gleich Sand, scharfkantige Bruchsande (Verletzungsgefahr) oder feiner Chinchillasand (kann „ins Auge gehen" oder die Atemwege reizen) sind selbstredend ungeeignet. Grober, rundkörniger Flusssand eignet sich jedoch durchaus. Er muss allerdings vor allem im Bereich des Verstecks regelmäßig befeuchtet werden.

Um einen Darmverschluss durch gezielte Sandaufnahme auszuschießen muss den Jungen stets genügend Kalk in Form von Eierschalen oder Sepiaschulpstückchen zur freien Verfügung stehen. Betrachtet man die Bilder aus dem Lebensraum der Landschildkröten oder von Freilandanlagen ist zu erkennen, dass der natürliche Boden sich meist aus verschiedenen Substraten zusammensetzt – neben Erde aus Sand, Kies, Steinen verschiedener Körnung und diversen organischen Resten. Deshalb muss nochmals das Thema **Fressen von Substrat** angesprochen werden. Reptilien, nicht nur Landschildkröten versuchen einen Mineralienmangel durch gezielte Aufnahme von Bodengrund zu beheben. Kommt es zu Darmverschlüssen durch Substrataufnahme ist oft weniger das Substrat daran schuld als vielmehr der Pfleger. Ein Substratwechsel behebt den Mineralienmangel nicht!

Bietet der Pfleger seinen Tieren (siehe Lebensraum: fast ausschließlich kalksteinreiche Gebiete!) stets genügend Kalk in Form von Stücken vom Sepiaschulp, speziellen Mineralsteinen oder Eierschalen an, lassen die Reptilien das Substrat normalerweise „links" liegen. Dabei darf der Kalk auch den Schlüpflingen durchaus in größeren Bröckchen angeboten werden, er muss nicht vorsorglich fein pulverisiert übers Futter gestreut werden, denn die Tiere sollen ruhig etwas zu „nagen" haben, damit die Hornscheiden der Kiefer sich abnutzen und nicht mit der Zeit zu Papageienschnäbeln auswachsen. Schildkröten, vor allem Jungtiere, nehmen z.T. auch Substrat auf, um ihren Darm mit Mikroorganismen anzuimpfen. Daher sollte im Aufzuchtbecken immer auch etwas naturbelassener Mutterboden eingebracht werden. Sehr naturnah, für die Tiere ungefährlich und optisch sehr ansprechend kann der Behälter auch etwa zur Hälfte (im Bereich des Versteckes) mit lockerem Substrat, z. B. Garten- oder Terrarienerde, sowie zur anderen Hälfte mit Grabsand oder anderen lehmhaltigen Sandsorten, die nach dem Trocknen zu einem festen, harten Untergrund verbacken, aufgefüllt werden. Das Futter sollte natürlich auch nicht einfach lieblos auf das Substrat gelegt werden, weil dann die anhaftenden Substratteilchen in großer Menge mitgefressen werden. Abhilfe schafft hier das Anbieten der Nahrung auf einem speziellen Futterplatz mit fester Unterlage (z. B. Untersetzer, Steinplatte, Tonfliese, Futterschale) oder in einer Futterraufe. Ferner können auch flache Sandsteinplatten ins weiche Substrat eingelegt werden, damit sich die Krallen auf dem festen Untergrund auf natürliche Weise abnutzen.

Den Jungtieren sind mehrere Versteckmöglichkeiten (z.B. Korkröhren) anzubieten (Infos zur weiteren Einrichtung s.S. 29ff). Mit dem Einbringen von naturbelassenem Wiesenheu ins und ums Versteck, welches um einer Schimmelbildung vorzubeugen regelmäßig ausgetauscht werden muss, schlägt man zwei Fliegen mit einer Klappe: zum Einen können den Jungen Versteckplätze mit ihnen zusagendem Mikroklima angeboten werden und gleichzeitig steht ihnen so noch ein wertvolles Futtermittel zur Verfügung.

Steinplatten können als Futterplatz dienen.
Foto: U. Dost

In der Nähe des Versteckes sollte noch etwas Heu eingebracht werden. Foto: U. Dost

Praktisch: Die Korkröhren (Versteckplätze) werden auch zum Klettern genutzt. Foto: S. Hornung

"Kinderschar" im Grünen.   Foto: U. Dost

Temperatur und Licht

Für die Freilandhaltung der Jungen eignen sich Frühbeete sehr gut. Durch geschickte Auswahl des Aufstellortes im Garten, bevorzugt in halbschattiger Lage und/oder ausgestattet mit einem automatischen Belüftungssystem lässt sich eine Überhitzung der Jungen ausschließen. Eine Grundtemperatur von 18-25°C in der Kinderstube genügt vollauf. Wichtig in der Übergangszeit im Frühjahr oder im Winter ist, im Frühbeet in der Nacht ein Abfallen der Temperatur unter 15°C zu vermeiden. Dies lässt sich einfach mittels Thermostat gesteuerter Wärmequelle, z.B. eines Dunkelstrahlers aus Keramik, d.h. ohne Lichtabgabe, bewerkstelligen.

Freigehege:
oben: Freigehege mit Frühbeetkasten.

unten: Ein solcher transportabler Behälter für die zeitweise UV-Bestrahlung im Freien, kann leicht selbst nachgebaut werden.   Foto: U. Dost

Werden die Schildkröten im Haus im Terrarium gehalten genügt die normalerweise im Wohnbereich vorherrschende Zimmertemperatur von 18-22°C als Grundwert, erwärmt der Spotstrahler die Luft im Tagesverlauf auf 25-30°C genügt dies vollauf. Mittels lichtstarkem Wärmespot ist ein lokaler Sonnenplatz mit einer Temperatur von 40°-45°C zu schaffen. Generell sind die Abstände des Wärmespots aufgrund der individuellen Verhältnisse am Aufstellort des Schildkrötenbehälters immer mittels Thermometer einzustellen.

Im Zimmerterrarium benötigen vor allem Jungschildkröten bei längerem Aufenthalt zusätzlich zum lokalen Wärmespot ein UV-B-Strahlung abgebendes Leuchtmittel.

Blick in ein schön eingerichtetes Jungtierterrarium.
Foto: S. Hornung

In der Regel werden Reptilien in menschlicher Obhut, vor allem im Zimmerterrarium, aus übertriebener Vorsorge das ganze Jahr über zu gleichmäßig warm gehalten. Die Beleuchtung kann auch im Terrarium der Jungtiere durchaus in unregelmäßigen Abständen, etwa während der Abwesenheit des Pflegers übers Wochenende, für ein 1-2 Tage abgeschaltet werden, um Schlechtwetter zu simulieren. Phasen mit weniger Aktivität und verringerter Nahrungsaufnahme schaden gesunden Jungschildkröten nicht. Ähnliches gilt übrigens auch für eine zu sterile Haltung (vgl. S. 49, 87). So müssen Schlüpflinge (nach HIGHFIELD 2000 zit. in MEYER 2001) durch direkten Kontakt mit dem Kot erwachsener Schildkröten oder herbivorer Säugern (Schafen, Kaninchen o. ä.) erst einmal ihren Darm mit für die Verdauung förderlichen Mikroorganismen „animpfen". Fehlen diese nützlichen Darmmikroorganismen, kann nicht nur die Nahrung nicht vollständig verdaut werden, sondern krankheitserregende Keime können sich ohne deren Konkurrenz stark ausbreiten. Eine zu sterile Haltung (ohne Kontakt zu naturbelassener Gartenerde oder älteren

Zeitpunkt	Gewicht Tier 1	Gewicht Tier 2
Schlüpfgewicht	15g	
1. Jahr	32g	
2. Jahr	80g	100g
3. Jahr	140g	153g
4. Jahr	200g	225g
5. Jahr	300g	317g

Beispiel von Wachstumsdaten (*Testudo hermanni boettgeri*). Daten: W. Diethelm (www.schildkroeten.ch)

Schildkröten) könnte sogar eine mögliche Erklärung für die manchmal auftretenden hohen Ausfallquoten unter Jungtieren darstellen. Das Gewicht und die Größe der Schlüpflinge schwanken je nach Unterart zwischen ca. 5-30g und knapp 3-4,5 cm. In den ersten beiden Jahren verdoppelt sich das Gewicht normalerweise, in den folgenden Jahren beträgt die Gewichtszunahme etwa 50% und nimmt ab dem 6.-7. Jahr immer mehr ab.

Zwei *Testudo hermanni boettgeri* mit hohem Gelbanteil. Foto: U. Dost

Testudo hermanni hercegovinensis mit hohem Gelbanteil. Foto: U. Dost

Färbungs- und Zeichnungsvarianten

Obwohl Griechische Landschildkröten seit mehreren Jahrzehnten in menschlicher Obhut vermehrt werden, gibt es anders als etwa bei Kornnattern oder Leopardgeckos noch keine auffälligen Farbzuchten. Sehr selten werden Albinos geboren, oft sind diese jedoch nicht lebensfähig. In einer älteren Ausgabe der inzwischen eingestellten Zeitschrift Schildkröten sind in einem Artikel von HERSCHE (1999) drei Albinos der Östlichen Unterart, ausgestellt im Botanischen Garten in Brüglingen bei Basel, abgebildet, die scheinbar lebensfähig waren.

Bei einem Schildkrötenhalter konnte ich ein außergewöhnlich gefärbtes männliches Tier der Ostrasse mit einfarbig dunklem Bauchpanzer fotografieren (s. S. 74), das wohl vom Peleponnes aus Griechenland stammt. Bei verschiedenen Schildkrötenpflegern sah ich außergewöhnlich hellgelbe Tiere ohne Herkunftsangabe. Ein stark gelb gefärbtes

Zeichnungslose Bauchseite einer *Testudo hermanni hercegovinensis* (gleiches Tier wie oben). Foto: U. Dost

Weibchen von *T. h. hercegovinensis* wies keinerlei Zeichnung auf dem Bauchpanzer auf. Der Verlust der schwarzen Färbungselemente bei sehr alten Tieren kann hingegen immer wieder beobachtet werden.

Danksagung

Herzlich danken möchte ich Herrn Volker Schad für die Hilfe beim Krankheitsteil des Buches sowie der Skriptdurchsicht.

Außerdem danke ich allen Freunden und Bekannten, die mir Bilder oder Informationen für das Buch zur Verfügung gestellt haben, oder deren Tiere ich fotografieren durfte, Herrn Thomas Ackermann, Herrn Wilf Diethelm, Frau Irmhild Glückert, Herrn Karsten Grießhammer, Frau Sabrina Hornung (www.schildkroeten-shop.de), dem Heilbronner Landschildkröten Stammtisch, Fam. Friz, Herrn Berthold Kroker, Herrn Manfred Künzel, Herrn Alexander Pieh sowie Herrn Hans Unger.

Herrn Horst Sonntag vom Regierungspräsidium Stuttgart danke ich für das Erstellen des Artenschutzkapitels sowie für das Foto der neuen CITES Dokumente.

Außerdem danke ich Herrn Udo Dreutler für das zur Verfügungstellen einiger Fotos aus dem Film: "Griechische Landschildkröten". Frau Melanie Lewalter hat eine Zeichnung angefertigt und Herr Wilf Diethelm hat Wachstumsdaten zur Verfügung gestellt, wofür ich mich bedanke. Frau Elke Köhler danke ich für die Geduld beim Erstellen des Buches.

Testudo hermanni hercegovinensis-Jungtier.

Foto: U. Dost

Literatur

DENNERT, C. (2004): Ernährung von Landschildkröten. – Natur und Tier-Verlag, Münster

DEVAUX, B. (2003): Brände und Schildkrötenschutz in der Provence. – Radiata 13 (4)

DE LAPPARENT DE BROIN, F., R. BOUR, J. F. PARHAM & J. PERÄLA (2006): *Eurotestudo*, a new genus for the species *Testudo hermanni* Gmelin, 1789 (Chelonii, Testudinidae). – Comptes Rendus Palevol 5(6): 803-811.

DRACO (2000): Mediterrane Landschildkröten. – Natur und Tier Verlag, Münster

FRITZ, C. & PFAU, B. (2002): Pflege und Vermehrung der Steppen- oder Vierzehenschildkröte *Testudo horsfieldii*. – Radiata 11(4): 21-41.

GABRISCH, K. & ZWART, M. (1998): Krankheiten der Schildkröten. – Schlütersche Verlagsanstalt, Hannover.

HAILEY, A. & WILLEMSEN, R.E. (2003): Changes in the status of tortoise populations in Greece 1984-2001. – Biodiversity and Conservation 12: 991-1011.

HAILEY, A. & WILLEMSEN, R.E. (2003): Sexual dimorphism of body and shell shape in European tortoises. J. Zool., London 260: 353-365.

HOPPE, B. (1999/2000): UV-B Strahlung und ihr Einfluss auf die Gesundheit von Reptilien im speziellen von Schildkröten. www.sebag-buchmann.de/schildibrett/Hoppe/index.html

JAROFKE, D. & LANGE, J. (1993): Reptilien Krankheiten und Haltung. – Paul Parey Verlag Berlin und Hamburg.

KIRSCHE, W. (1997): Die Landschildkröten Europas. – Mergus Verlag, Melle.

KÖHLER, G. (2004): Inkubation von Reptilieneiern. 2. Aufl. Herpeton-Verlag, Offenbach.

MEYER, M. (2001): Praxisratgeber Schildkrötenernährung. – Chimaira, Frankfurt.

MÜLLER (1996): Handbuch ausgewählter Klimastationen der Erde. – Univ. Trier

NÖLLERT, A. (1992): Landschildkröten. – Landbuch-Verlag Hannover.

OBST, F.J. (1985): Die Welt der Schildkröten. – Edition Leipzig, Albert Müller-Verlag, Rüschlikon/Stuttgart/Wien.

OBST, F.J & MEUSEL, W. (2003): Die Landschildkröten Europas. Reprint die Neue Brehm-Bücherei Bd. 319, Westarp Wissenschaften, Hohenwarsleben.

PIEH, A. (2000): *Testudo graeca soussenis*, eine neue Unterart der Maurischen Landschildkröte aus dem Sousstal. – Salamandra 36 (4): 209-222.

PIEH, A. (2000): Arten und Unterarten der Landschildkröten des Mittelmeergebietes. – Draco 2/2000: 4-17.

ROGNER, M. (2005): Griechische Landschildkröten. – Natur und Tier-Verlag Münster.

RUDLOFF (1990): Vermehrung von Terrarientieren, Schildkröten. – Urania-Verlag, Leipzig, Jena, Berlin

SCHAUER & CASPARI (1989): Der große BLV Pflanzenführer. – BLV München

SCHÖNFELDER, I. & P. (1990): Die Kosmos-Mittelmeerflora. 2. Aufl., – Franckh Kosmos Naturführer, Stuttgart.

SAUER, K.H. (1989): Richtige Aquarien- und Terrarienbeleuchtung. – E. Pfriem Verlag Wuppertal

SAUER, K., STECK, B., SCHUCHART, H., HORN, H.-G. (2004): PraxisRatgeber Vivarienbeleuchtung. – Chimaira, Frankfurt

THIERFELDT, S. & HÖFLER-THIERFELDT, S. (2002): Überwinterung von Schildkröten im Kühlschrank. – Radiata 11(4): 42-44.

VETTER, H. (2005): Griechische Landschildkröte. – Chimaira, Frankfurt.

VINKE, T. & VINKE, S. (2002): Vom Niedergang eines Schildkrötenbiotops. Radiata 11 (3): 44-49.

VINKE, T. & VINKE, S. (2004): Die Rolle ungesättigter Fettsäuren in der Landschildkrötenernährung – eine Annäherung an einen vernachlässigten Aspekt. – Schildkröte im Fokus 1(2):11-15.

VINKE, T. & VINKE, S. (2004): Kathastrophe in Südspanien – 300 Hektar Schildkrötenschutzgebiet verwüstet. – Schildkröte im Fokus 1(4): 13-14.

VINKE, T. & VINKE, S. (2004): Türme und Schildkröten: Zwei Rätsel, eine gemeinsame Lösung? – Schildkröten im Fokus, 1 (4): 29-31.

VINKE, T. & VINKE, S. (2004): Vermehrung von Landschildkröten. – Herpeton-Verlag Offenbach

WEGEHAUPT, W. (2003): Die natürliche Haltung und Zucht der Griechischen Landschildkröte. – Erschienen im Eigenverlag.

ZIRNGIBL, R. (2000): Griechische Landschildkröten. – Bede-Verlag, Ruhmannsfelden

Nützliche Adressen:

Kotuntersuchungstellen:
GeVo-Diagnostik, Ges. für medizinische und biologische Untersuchungen mbH
Jakobstr. 65
70794 Filderstadt
Tel. 07158- 6 06 60
Fax. 07158- 6 05 60
www.gevo-diagnostik.de

Institut für Zoologie,
Fischereibiologie und Fischkrankheiten der tierärztlichen Fakultät LMU München
Kaulbachstr. 37
80539 München
www.vetmed.uni-nuenchen.de/zoofisch

Poliklinik für Vogel- und Reptilienkrankheiten,
Universität Leipzig,
An den Tierkliniken 17,
04103 Leipzig

DGHT e.V.
Postfach 1421
53351 Rheinbach
Tel. 02225-703333
Leitung der AG Schildkröten:
Bernd Wolff, Druslachstr. 8, 67360 Lingenfeld, Tel: 06344-5502
email: ag-schildkroeten@dght.de

Schildkröten Interessengemeinschaft Schweiz
Leitung: Urs Jost, 6212 St. Erhard
www.sigs.ch

Bundesamt für Naturschutz
Konstantinstr. 110
53179 Bonn
email: pbox-bfn@bfn.de

Register

Weitere Titel für Schildkrötenfreunde

189 Seiten • Preis: 29,90
ISBN 3-936180-07-5

Vermehrung von Landschildkröten — T. Vinke & S. Vinke

Die Experten Thomas Vinke und Sabine Vinke geben ihren reichen Erfahrungsschatz aus der Praxis und ihre besten Tipps zur erfolgreichen Zucht von Landschildkröten weiter. Das übersichtliche Layout und die reichliche Bebilderung tragen dazu bei, dass die Anleitungen zu optimalen Zuchtbedingungen leicht aufzufinden und umzusetzen sind.

"Die inhaltliche Qualität des Buches ist überzeugend, ... Ernsthaften Zuchtanfängern sei es als wertvolle Hilfe empfohlen." M. Herz/Dr. A. Herz; 2006: Minor (DGHT-AG Schildkröten) 5 (2)

NEU

270 Seiten • Preis: 59,-
ISBN 3-936180-22-9

Reptilienpraxis — B. Rüschoff & B. Christian

In dem neuen Buch Reptilienpraxis werden die wichtigsten Krankheiten aus dem Praxisalltag sehr übersichtlich veranschaulicht. Die Therapiemöglichkeiten werden anhand von in der Praxis therapierten Einzelfällen beschrieben und mit Fotos dokumentiert. Dabei werden viele Tipps zur Diagnosefindung und Krankheitsvermeidung aufgeführt und es werden auch Alternativen, die sich dem behandelnden Tierarzt bieten, erörtert. Auch die Griechische Landschildkröte ist häufiger Patient in Tierarztpraxen. Das Buch behandelt wichtige Fälle, die meist durch falsche Haltung, Ernährung oder nicht artgerecht durchgeführte Winterruhe entstehen.

254 Seiten • Preis: 39,90
ISBN 3-936180-11-3

Inkubation von Reptilieneiern — Gunther Köhler

Das Standardwerk "Rund ums Reptilienei" erklärt die Hintergründe zur Inkubation von Reptilieneiern.
"Endlich ist es da: Das Fachbuch, das man wie den spannendsten Roman am liebsten in einem Zug durchlesen möchte. Jeder der Eier ausbrütet, hat so viele unbeantwortete Fragen, die ihm bislang niemand schlüssig beantworten konnte. ... Tolle Fotos, klare Zeichnungen und Diagramme bescheren uns unzählige Aha- und Ach so-Momente. ... . Hier findet auch der routinierteste Schildkrötenzüchter auf viele Fragen eine Antwort." ... (bezieht sich auf eine frühere Auflage) H. Hersche; 1998: Fachmagazin Schildkröte 1

alle Preise in Euro

HERPETON
Verlag Elke Köhler

Rohrstr. 22 • D-63075 Offenbach • mail: herpeton@t-online.de
Tel. 069-86777266 • www.herpeton-verlag.de

Anzeige